好食尚

美味炸物

杨桃美食编辑部 主编

江苏凤凰科学技术出版社 凤凰含章

导读

大受欢迎

自己炸最健康

人气炸物通通收录

将食材裹粉后放入油锅中炸得金黄酥脆，看似简单的动作，背后的学问可是大着呢！光是裹粉这个步骤，可就让许多人混乱不已。究竟要裹什么粉才能炸出跟外面卖的一样好吃？酥脆的口感应该从哪个材料下手制作呢？你知道基本四大炸法——干粉炸、湿粉炸、吉利炸、粉浆炸究竟有什么不同吗？这些疑问就让这本炸物圣经通通告诉你！无论是基本的炸法教学、油温油品的掌握，还是许多不同资讯与400道热门的好吃炸物，这本书通通囊括！简单易懂的做法，让读者一目了然，快速成为炸物达人。

Tips:
固体：1大匙≈15克，1小匙≈5克，1杯≈227克。
液体：1大匙≈15毫升，1小匙≈5毫升，1杯≈240毫升。
书中所用油若无特别说明均为色拉油，不再赘述。

目录

PART 1 经典炸物

PART 2 第一次做炸物就成功

PART 3 年轻人最爱的炸鸡排、炸排骨

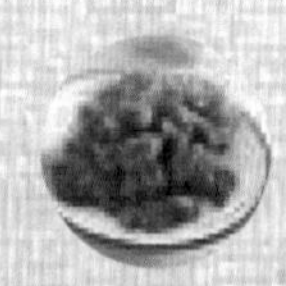
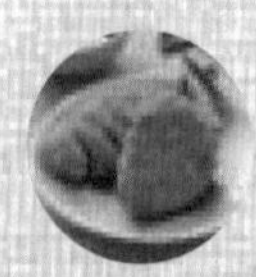

PART 4 意想不到的美味炸物

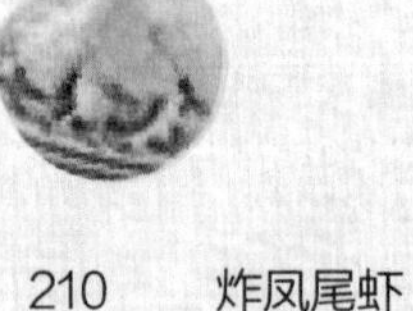

PART 5 炸物大变身

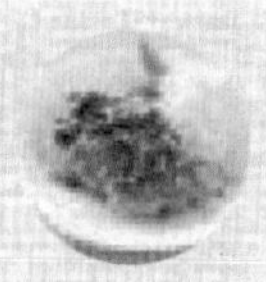

附录：炸物最速配的蘸酱

修饰淀粉到底是什么

最近话题性的修饰淀粉到底是什么？它的添加是否会造成食品安全的隐忧？又是广泛地应用在哪些地方？其实修饰淀粉并没有不好，它帮助天然淀粉改善属性，以达到最大的利用价值。以下详尽的介绍让你对修饰淀粉有更上一层的认识。

天然淀粉vs修饰淀粉

天然淀粉大多从植物的根茎、种子取得，尤其是玉米淀粉、土豆淀粉、小麦淀粉最为常见。

天然淀粉制成的食品，保存期限短、新鲜度高，许多手工制作的老店都是坚持使用天然淀粉，所以当天料理当天就要卖完，没卖完的粉类制品口感也会老化，变得硬、韧、难吃，最后只好整批倒掉。为了延长保存期限、提升口感，加上现今食品种类的应用与市场需求变化，使得天然淀粉势必做出一些改变。

天然淀粉的特性是水解后遇到高温后会产生粘度，降温时却快速地变硬、碎裂，且不耐冷冻、烹煮久了容易糊化崩解。其容易老化的缺点，成为许多食品加工企业无法前进的绊脚石。像是以天然淀粉制成的饺子皮，如当天未食用完放进冰箱，隔天再拿出来就会发现碎裂；或是粉条放入火锅中久煮，捞出来却糊掉无法食用，这都是天然淀粉易老化的现象，也因此后来才有修饰淀粉的出现。

为了适应市场食品冷冻运输状况以及延长保存期限来减少生产成本的情况下，许多食品企业纷纷使用修饰淀粉。修饰淀粉是将天然淀粉作化学处理，使得某些特性得以加强或持久，也增加抗老化的性质。前提是，必须使用合法通过的修饰淀粉，并且在合法的规定使用量与用法中才有保障。

修饰淀粉通常应用在哪里

修饰淀粉通常应用在食品、纺织、造纸等行业，但每个领域的规范及其可使用的修饰淀粉是不相同的。在食品领域中，修饰淀粉比天然淀粉稳定性更好，也有很多属性变化。糊化、粘度改变、耐冷耐热、抗老化等等，都是根据天然淀粉的特性延展的。

糊化方面的应用，举例来说，像是即溶冲泡的饮料、浓汤，只要加入开水搅匀就可以直接饮用；稳定性方面，以增加抗冻性、使之不容易变硬较为广泛，这类的修饰淀粉在冷冻的水饺皮、馄饨皮中经常应用。现今冷冻宅配盛行，需要在运送的过程中保持新鲜和口感，像是常见的蛋糕，添加修饰淀粉后可维持湿润与绵密的口感；还有冷藏麻糬外皮的Q弹有劲；冷冻的小笼汤包、包子、馒头加热后都能恢复弹性，口感依然很好。增加粘度的特性，常见于冷冻汉堡排，让其在冷冻的过程中不易散开，料理时也不会破碎。以上这些好处几乎是修饰淀粉所带来的。

修饰淀粉不等于毒淀粉

近年来新闻报导毒淀粉的相关事件中，提到了毒淀粉是修饰淀粉的一种，导致许多消费者都误会修饰淀粉就是毒淀粉，这是严重的错误观念。

毒淀粉所添加的顺丁烯二酸，它大多使用在油漆、润滑油中，或做成工业用粘合剂，它并没有通过审核可以使用在食品中。根据欧盟提供的资料显示，60千克的成人每日耐受量为30毫克，如果不小心将过量的顺丁烯二酸吃下肚，可能会危害肾脏，建议多吃猪脚、鸡脚，利用胶质食物排毒；除此之外，还要多补充水分，因为顺丁烯二酸是水溶性的，多喝水有助排出毒性。

粉类的应用与我们的生活处处相关，到处可见修饰淀粉的影子，包含中式小吃、西式餐点。选择使用合法且经合格检验的修饰淀粉，适量的添加让

粉类制品呈现更佳的口感与效益，也能确保食品健康安全，吃得更安心。

合格的修饰淀粉有哪些

合格修饰淀粉如下：

酸解淀粉
糊化淀粉
羟丙基磷酸二淀粉
氧化羟丙基淀粉
漂白淀粉
氧化淀粉
醋酸淀粉
乙醯化己二酸二淀粉
磷酸淀粉
辛烯基丁二酸钠淀粉
磷酸二淀粉
磷酸化磷酸二淀粉
乙醯化磷酸二淀粉
羟丙基淀粉
乙醯化甘油二淀粉
丁二醯甘油二淀粉
辛烯基丁二酸铝淀粉
丁二酸钠淀粉
丙醇氧二淀粉
甘油二淀粉
甘油羟丙基二淀粉

※依法规必须标示出添加了哪种修饰淀粉，购买前应小心查看。

认识各种油炸粉类

低筋面粉

低筋面粉的蛋清质含量在 7% ~ 9% 之间，适合制作出口感趋向“脆”的炸物。但是若只使用低筋面粉，由于蛋清质的关系，会使炸物在放置一段时间后出现软化状态，因此为了降低这种情形，通常还会加入完全不含蛋清质成分淀粉类，如地瓜粉、淀粉等来混合使用。

面包粉

适合当作油炸物的外裹粉，由于不具黏性，因此不容易附着于食物表面在使用时，会在欲炸食材的表面先裹上其他面糊或蛋黄后再沾取面包粉。使用面包粉口感会较酥脆，外观呈现金黄色，食物的酥脆度可以保存较长的时间。也可自制面包粉，只要将白吐风干变硬再弄碎即可。

地瓜粉

又称红薯粉，属于淀粉的一种，用途非常广泛，呈颗粒状。特性是可使炸物的酥脆度较持久，如排骨、鸡块等炸酥后，不仅口感酥脆，而且即使放置时间较长也不会变软，常与低筋面粉混合使用。

淀粉

淀粉是由土豆淀粉或树薯淀粉所制成，将淀粉和水后，会变得糊化，粘稠度颇高，一般都拿来作为料理勾芡之用或增加馅料的浓稠度。若用于油炸时，大多只于食材表面拍上薄薄一层淀粉即可。淀粉与地瓜粉相较下，其酥脆度较低，且口感较为细致，也常与低筋面粉混合使用。

玉米淀粉

由玉米制成，与淀粉同样具有凝结作用，因此玉米淀粉与淀粉可以互相取代。作为油炸用时，多与低筋面粉混合使用，以降低炸物后续会变软的问题，玉米淀粉的口感比淀粉更松酥。

糯米粉 & 粘米粉

皆属于米制粉类，前者是以糯米磨制而成，后者是用大米制成。制作炸物时，米制粉类多与低筋面粉混合后调制成粉浆来使用，食材沾裹再炸过之后，口感上会比淀粉更为酥脆。

粉类粉浆做法介绍

白面糊

材料：
中筋面粉⋯ 200克
盐⋯⋯⋯⋯1/2小匙
水⋯⋯⋯ 200毫升

做法：
将中筋面粉与盐混合，加入水搅拌至有筋性，静置10分钟即可。

用途：
中式料理中最简易常见的面糊，可炸、可做家常面食。

香草面糊

材料：
低筋面粉60克，玉米淀粉50克，奶粉10克，泡打粉1/2小匙，香草粉1/4小匙，盐1/4小匙，细砂糖1大匙，水100克，色拉油1大匙，鸡蛋1个

做法：
1. 将低筋面粉、玉米淀粉、奶粉、泡打粉、香草粉、盐和细砂糖混合均匀。
2. 于做法1中加入水及色拉油拌匀，再加入鸡蛋一起搅拌均匀，静置10分钟后即可。

用途：
适合用来炸熟食，因为面糊本身较厚，不适合炸生食及含水量过高的食材。

芝麻面糊

材料：
低筋面粉⋯⋯⋯70克
玉米淀粉⋯⋯⋯70克
白芝麻⋯⋯⋯⋯70克
盐⋯⋯⋯⋯⋯ 1小匙
细砂糖⋯⋯⋯ 2小匙
白胡椒粉⋯⋯ 1小匙
水⋯⋯⋯⋯⋯ 150克

做法：
低筋面粉、玉米淀粉、白芝麻、盐、细砂糖及白胡椒粉先混合拌匀，再加入水搅拌均匀即可。

用途：
用途广，用来炸肉类、海鲜、蔬菜皆可，但通常较常用来炸肉类。

奶酪面糊

材料：
低筋面粉⋯⋯ 170克
玉米淀粉⋯⋯⋯20克
糯米粉⋯⋯⋯⋯80克
金黄乳酪粉⋯⋯ 10克
泡打粉⋯⋯⋯⋯ 3克
水⋯⋯⋯⋯⋯ 300克
盐⋯⋯⋯⋯⋯ 1小匙
细砂糖⋯⋯⋯ 2小匙

做法：
将低筋面粉、玉米淀粉、糯米粉、金黄乳酪粉、泡打粉、盐及细砂糖混合，再加入水拌匀即可。

用途：
用来炸肉类海鲜，因为有浓厚奶酪味，也可以炸蔬菜。

脆酥粉浆

材料：

低筋面粉200克、日本淀粉15克、糯米粉60克、吉士粉10克、泡打粉3克、水250毫升

做法：

将低筋面粉、日本淀粉、糯米粉、吉士粉及泡打粉混合，再加入水拌匀即可。

用途：

中式餐厅常用的炸物面糊，可用来炸蔬菜、肉、海鲜，不适合糕饼用。

椰浆面糊

材料：

低筋面粉70克、糯米粉100克、细砂糖1小匙、泡打粉3克、椰浆200克、水50毫升

做法：

先将低筋面粉、糯米粉、细砂糖及泡打粉混合，再加入椰浆及水拌匀即可。

用途：

椰浆面糊有浓厚的椰子香味，是东南亚料理中常用的炸物粉浆。

天妇罗粉浆

材料：

低筋面粉40克、玉米淀粉20克、冰水75毫升、蛋黄1颗

做法：

1.先将低筋面粉与玉米淀粉拌匀，加入冰水后以搅拌器迅速拌匀。

2.最后加入蛋黄拌匀即可。

用途：

日式餐厅普遍使用的面糊，通常用来做炸虾及炸蔬菜。

淀粉浆

材料：

低筋面粉50克、淀粉（树薯淀粉）100克、盐1/2小匙、细砂糖2小匙、水100克、鸡蛋1颗

做法：

1.先将低筋面粉、淀粉、盐及细砂糖混合，再加入水搅拌均匀。

2.续于做法1中加入鸡蛋拌匀即可。

用途：

淀粉浆为小吃摊常用的粉浆，适合用来炸肉类及海鲜，也适合炸萝卜糕、芋头糕等。

吐司面糊

材料：

低筋面粉50克、玉米淀粉30克、盐1/2小匙、细砂糖1小匙、黑胡椒粉1小匙、水100毫升、粗面包粉20克

做法：

将低筋面粉、玉米淀粉、盐、细砂糖及黑胡椒粉混合。加入水拌匀，使用前再将粗面包粉加入一起搅拌均匀即可。

用途：

用来炸肉、海鲜、蔬菜皆可，用吐司面糊炸出来的炸物糊酥脆口感持续较久。

自制脆浆粉

材料：

低筋面粉30克、糯米粉10克、泡打粉少许

做法：

将所有材料混匀即可。分量比例依需求量改变，以低筋面粉：糯米粉＝3：1去调配，再加少许泡打粉就可以了。

用途：

油炸时，将炸物外皮裹上脆浆粉，可使得炸熟后的表皮更加香脆。DIY，健康又安全。

油温火候 技巧大公开

油炸美味关键

选油

一般说来，只要是油质纯净新鲜的全猪油或大豆油，都可拿来作为炸油使用。但若要增加香气，可混合色拉油和香油（或猪油），以2：1的比例搭配，就是完美的炸油组合。

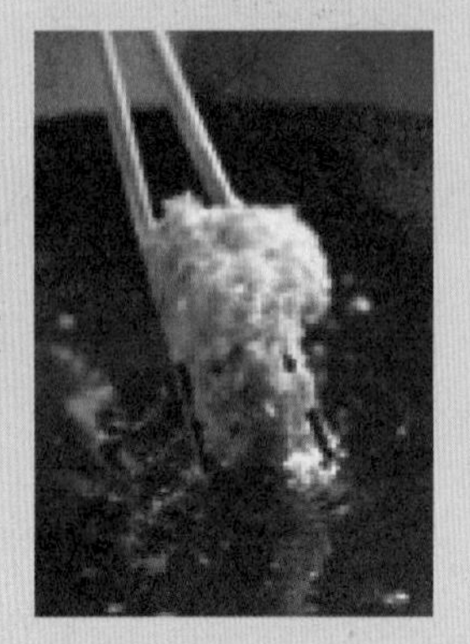

油温

油温不对会炸成焦黑或是吃油过多。可利用油温计来测油温，如果没有油温计，也可利用面糊（低筋面粉加适量水调成）滴到油中，如果面糊从底层浮起，即为160℃以下；若面糊是从油中层迅速浮起，即为170℃；如果面糊马上从油表面散开，就表示油温已达180℃。

起锅

超厚肉片每块肉重量大小不同，油炸时间很难以时间来量化，因此能正确判断捞起的时间可真是一门学问。食材刚放入油中，会沉入油底部，炸过一段时间之后，水分减少、重量减轻，就会渐渐浮起，若表面已呈金黄，拨动后又能浮起，就能试出最佳的起锅时间了。

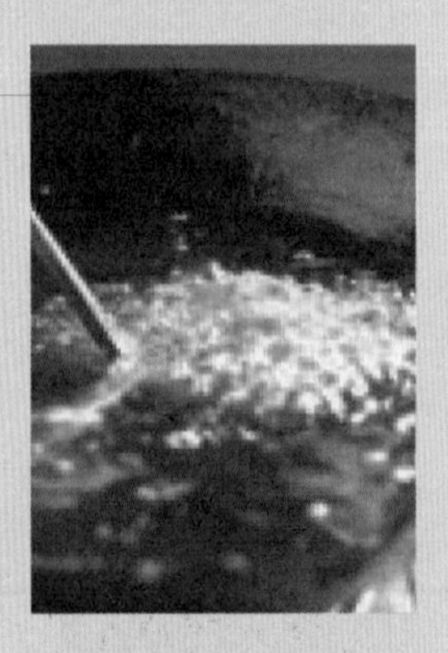

沥油

刚炸好的鸡排或猪排一定要直立夹起，让它“站”在网架上沥油，这样做的目的是要避免平放而让油积存在中间或局部以影响口感。

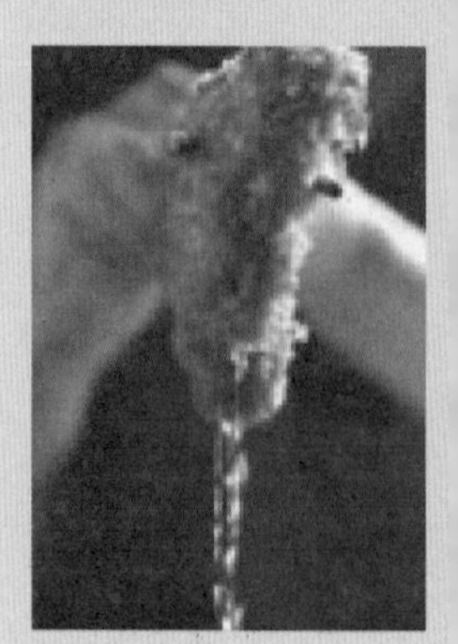

一眼看穿油温的秘密

低 油温（80~100℃）

测试状态：只有细小的油泡产生，甚至没有油泡；粉浆滴进油锅中，必须稍等一下才会浮起来。

适炸的食材：①表面沾裹蛋清制成蛋泡糊的食材。②需要回锅再炸的食物（可避免食材水分干掉）。

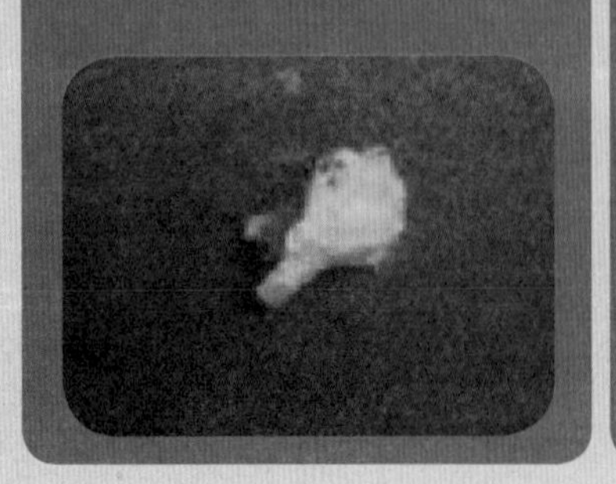

中 油温（100~160℃）

测试状态：油泡开始增多往上升起；粉浆滴进油锅中，沉到油锅底部后马上就会再浮起来。

适炸的食材：①一般油炸品都适用。②外皮沾裹容易烧焦的面包粉。③食材沾裹了调味料的粉浆。④油炸食材量少时。

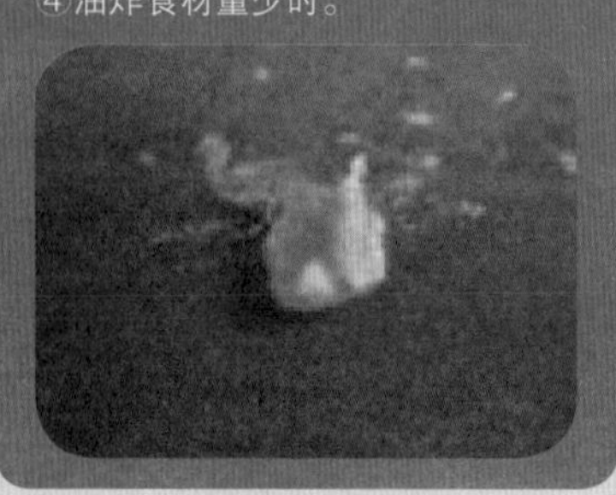

高 油温（160℃以上）

测试状态：会产生大量油泡；粉浆滴进油锅中，不会沉到油锅底层马上就浮在油面。

适炸的食材：①采用干粉炸法的食材。②采用粉浆炸法的食材。③油炸食材分量大或数量多时。

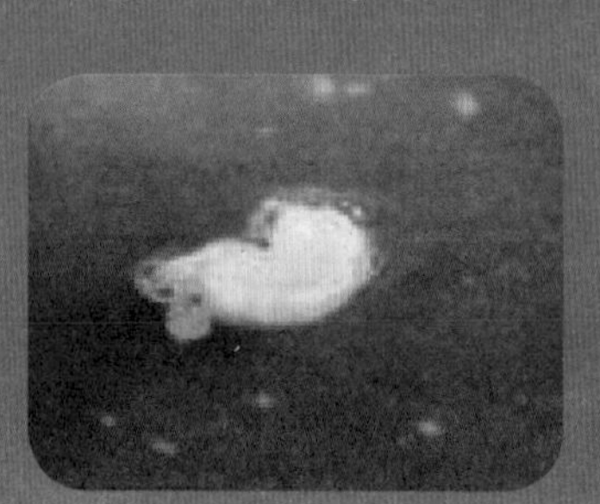

油炸好帮手

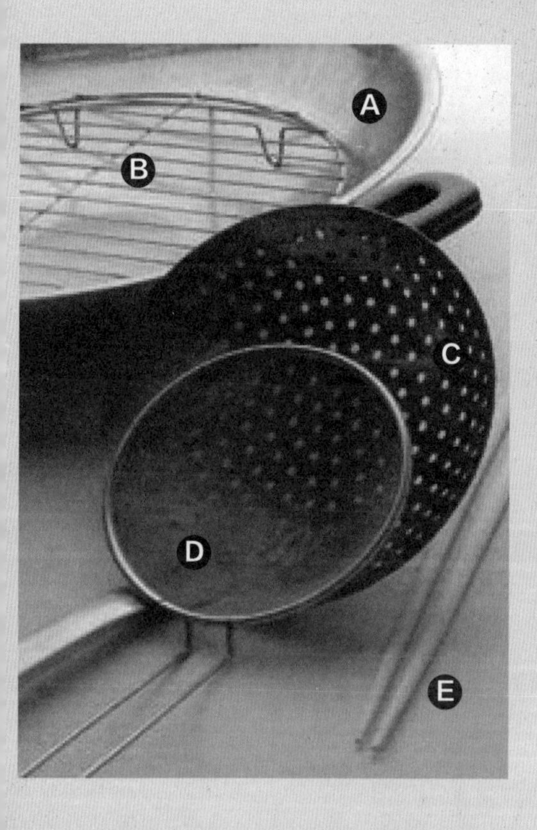

A中华锅：

这是一般家庭较常用的锅，市面上有许多材质可供选择，例如不锈钢锅、奈米锅、陶瓷锅等。最重要的是，每次油炸后的锅一定要清洗干净并擦干。

B沥油架：

炸物捞起后可置于沥油架上，将多余的油滴除，使用时，只要在沥油架下方摆放一个承接滴油的容器即可。另外，亦可选择一种直接挂于油锅边缘的沥油架让操作更为方便。

C油炸大漏勺：

美丽的金黄色外表需要学习漏勺来好好呵护。炸物炸好后，用漏勺快速捞起，稍微沥干油脂后即可改置于沥油架上。

D油炸小滤网：

油只要炸过一回，就需过滤后才能再次使用。一来保持油的清洁，二来油和食物也比较不易变黑。

E长木筷：

可让您远离热油和热气，避免烫伤。使用后一定要洗净并擦干，并放在通风处风干，如有烘碗机亦可烘干灭菌，以免容易因潮湿发霉而减短寿命。使用长木筷可轻松使油炸物快速翻面并安全的夹取炸物。

F计时器：

计时器可提醒您注意锅内的状况，更能让您将5分钟加倍使用，在同一时间料理另一道菜，可算是家庭主妇烹饪的好帮手。市面上的计时器通常分为电子式及手动式2种，只要您用得顺手就是好工具。

G油壶：

一般市面的油壶依材质、功能的不同，售价也就相对不同，一个功能性佳的油壶，不但能保存开封后的新油，也可以用于油炸后的用油保存，使用时也可很方便地将油倒入。像图中这款油壶就有这样的功能，它附有的过滤网可将使用后的油在倒入壶中的同时便可直接过滤油渣，而材质也是较好的不锈钢，贴心的把手设计使得使用更为便利。

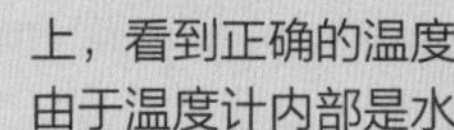

H专用量油温度计：

将油放入油锅中加热，再将温度计探测头放入油中，温度立即显示在温度计上，看到正确的温度时就可将火候调小些，再放入准备好的食材油炸至熟即可。由于温度计内部是水银柱，使用上要格外小心，使用完后记得放凉后再以卫生纸仔细擦干净，放入保存盒保存即可，但千万别一从油锅中拿起就直接擦拭，因为油温太高容易烫伤人体。

PART 1

经典炸物

本章热搜 80 种经典人气炸物，
举凡传统常见的盐酥鸡、春卷、炸鸡排、炸虾、炸牡蛎，
更有西式道地的脆皮炸鸡、薄皮嫩鸡，
连常吃的小点心，像是洋葱圈、鸡米花、炸薯条等，
你所想的到的都在这里。
不仅炸物多样，连有需要注意的关键步骤都帮你指点出来，
掌握诀窍就能摇身一变成为炸物高手。

四大基本炸法

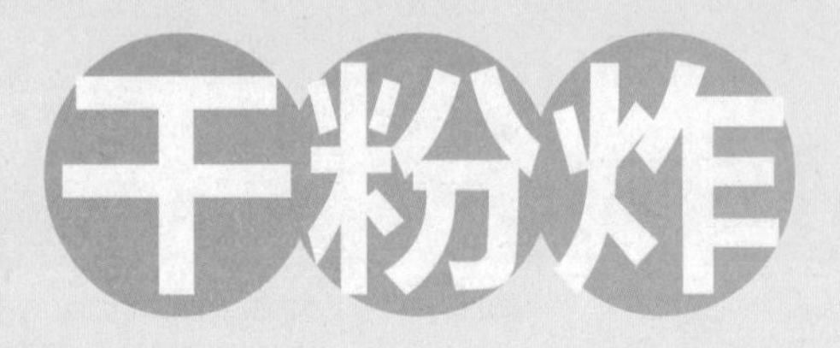

基本做法	使用时机	基本口感
干粉炸的做法是将食材稍微腌过后，再沾裹上干燥的粉类，直接放入油锅中炸。	食材本身水分较多时，如海鲜、水果、蔬菜等；或是预备将炸好的食材进行第二次烹调，例如糖醋、烧烩等方式。	用干粉炸的方式完成后，吃起来口感较酥脆、干爽、表皮略有颗粒感。

炸法攻略

先将肉排拍松断筋，目的在将肉的纤维拍断，肉质会较软容易咬断；断筋可防止油炸时肉排过度收缩而卷起变型，可维持漂亮的外型。

肉排先腌过，除了可以增加风味之外，湿润的外表才能紧密沾裹上干粉，否则直接沾粉，无法将粉类维持在表面。

沾裹干粉的肉排要稍放至反潮，别小看这个动作，待表面干粉都潮湿就可以增加干粉的附着力，油炸时就不容易脱粉，吃起来口感更酥脆。

下锅时油温要足够，尤其是使用干粉炸，180℃的高油温可以快速让表面定型，使肉排上的干粉不易脱浆，维持肉排酥脆的好口感。

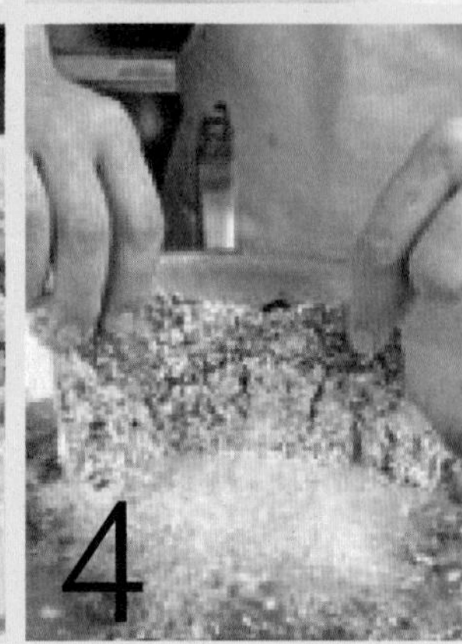

炸粉攻略

地瓜粉

功能：使口感酥脆

特色：地瓜粉用在炸物上可使酥脆度更持久，炸后外表呈现颗粒状，咬起来“卡滋”响，而且放置一段时间，外表仍保有脆度。

配方2

地瓜粉＋吉士粉

功能：使口感酥脆香黄

特色：吉士粉又称为鸡蛋粉，只有市场里传统杂货店或老街年货商店中较易购得。因成分中含有香草粉、奶粉和蛋黄粉，带有奶香和果香，吉士粉加入炸粉中可增添香气且炸过后颜色较黄。

四大基本炸法 湿粉炸

基本做法	使用时机	基本口感
湿粉炸是将要裹在食材外的干粉拌入腌料中成糊状的粉浆，食材裹上调过味的粉浆后油炸。	食材本身口味较清淡，或是想让外皮增加风味时。	外皮因混合了腌料风味较丰富，口感依照粉类有所差别，但通常脆度没干粉炸那么酥脆，甚至会带有点韧度。

炸法攻略

肉排还是需要事先腌渍，这样才不会只有外面粉浆有味道，而里面的肉排淡而无味。

待肉排腌渍入味后，再加入干粉，以让裹在肉排上的干粉吸收腌料，并且容易裹附在肉排上。

加入的干粉必须抓拌均匀到无干粉状，这样油炸后才不会在表面形成不均匀的颗粒，口感会比较好。

粉浆太厚吃起来口感不佳，因此需要将裹在肉排上多余的粉浆去除，但仍需要留薄薄的一层，这样的风味与口感最好。

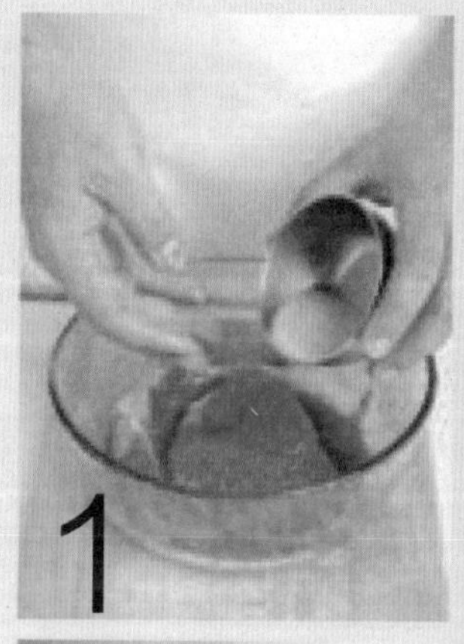

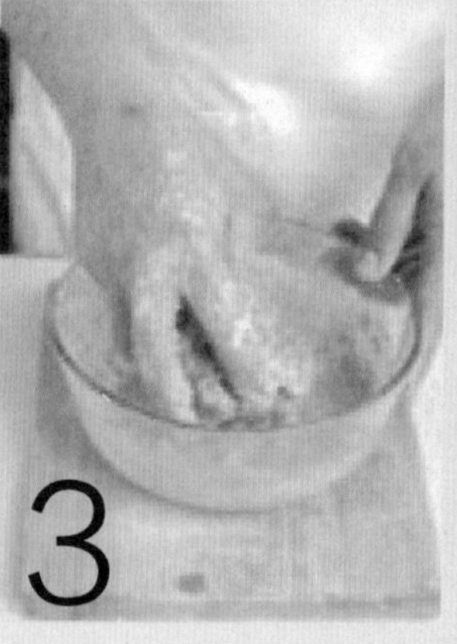

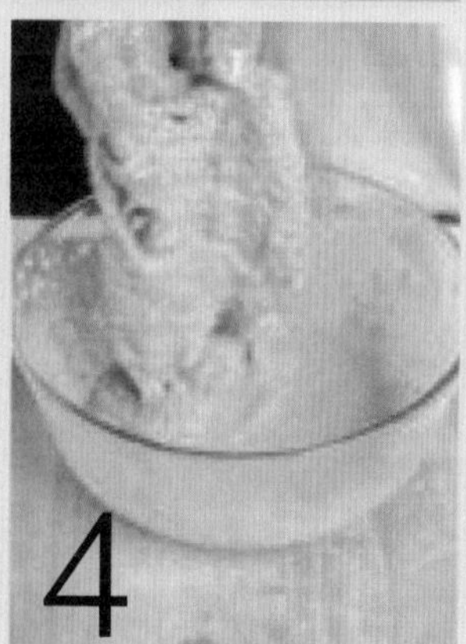

炸粉攻略

配方1 淀粉（树薯淀粉）

功能：使口感韧酥不油腻

特色：淀粉常用于湿粉炸中，它可使炸物裹粉后变得有粘稠度，吃起来多了点滑顺，更增加了食材的韧度，也更容易沾裹上其他粉类。

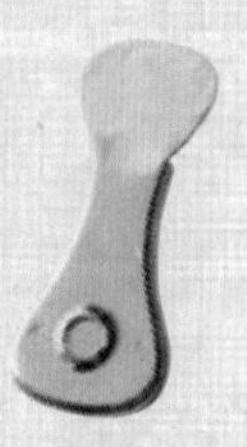

配方2 低筋面粉＋玉米淀粉＋蛋液＋吉士粉

功能：使炸物松软多汁

特色：以低筋面粉和玉米淀粉为基底，保持必备的酥脆，但是加入能带出松软口感的蛋液以及释出香气的吉士粉，炸粉的粘着度更好、包覆性高，可以锁住肉汁不流失，色泽卖相佳。

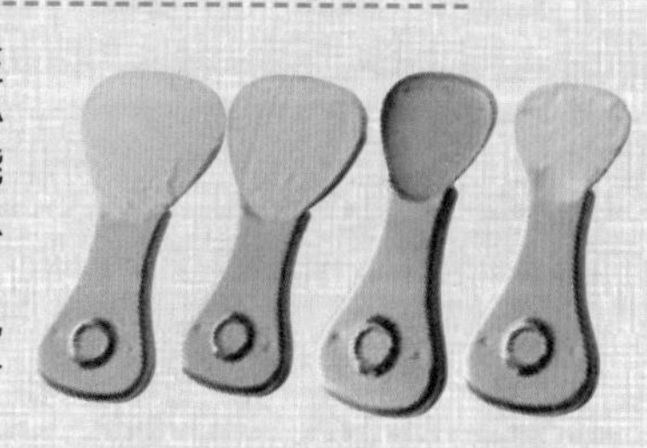

四大基本炸法 吉利炸

基本做法	使用时机	基本口感
吉利炸是来自西式油炸的方式，因此又称西炸。是将食材依序沾裹上低筋面粉、蛋液、外裹物，再放入中油温中油炸。	想要让食材口感明显，维持较长时间的酥脆感，产生较美观的外观。	吃起来非常酥脆，外皮与内部食材口感层次分明，表面有明显颗粒感。

炸法攻略

腌好的肉排先沾裹上一层薄薄的低筋面粉，这层粉的作用在吸附下个步骤的蛋液，因此顺序不能弄错。而多余的粉要先抖除，这样炸好的外皮才不易脱落。

沾过低筋面粉的肉排再沾裹上蛋液，蛋液可以增加黏性，沾裹上外裹物时才能牢牢吸附。

特色就在最外层的沾裹物，一般来说都以口感酥脆的面包粉为主，沾的时候要稍微用力压一下，才能完整沾裹上。

油温不能太高，油炸时间也不宜太久，否则外裹物容易焦黑，吃起来就不美味。

炸粉攻略

低筋面粉＋蛋液＋面包粉

功能：易上色，有脆壳

特色：面包粉是以小麦制成，因不具粘着性，所以不易附着于食物表面，通常使用时，会先在炸物上先裹上其他面糊或蛋液。面包粉有粗细之分，粗面包粉脆度较佳，用来油炸食物，口感较酥脆，外观也会呈现漂亮的金黄色，且能较长时间保存食物的酥脆度，不会太快变得松软，酥脆度更持久，就算冷了也很好吃。

四大基本炸法

基本做法	使用时机	基本口感
粉浆炸有点像是湿粉炸，是将食材均匀沾裹事先调好的液态粉浆，再放入高油温的油锅炸至成型。	想产生一层酥脆的表皮，也可以享受食材本身的口感与美味。	吃起来外面有酥酥的口感，但内部口感则是鲜嫩多汁。

炸法攻略

因为炸好后表面会产生一层脆皮，因此肉排要先腌渍入味，才能吃到鲜嫩多汁的肉排。

粉浆要时先调匀，须完全没有干粉状，再均匀的沾裹上粉浆，炸出来的肉排才会漂亮酥脆。

粉浆炸的肉排不能太厚，因为有一层厚厚的粉浆，所以肉太厚不易熟透，但是增加时间，则表皮容易焦黑。

如果不知道怎么判别肉排是否炸熟，可以用剪刀在表面剪一刀，观看肉排的组织是否完全熟透。

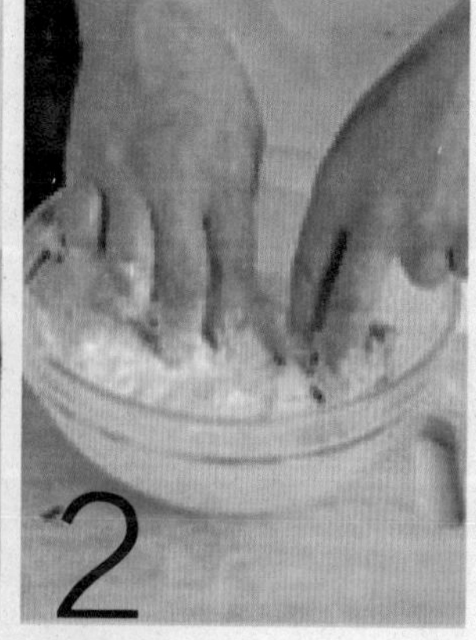

炸粉攻略

配方 细玉米淀粉＋低筋面粉＋盐＋细砂糖＋香蒜粉＋水

功能：口感较酥硬

特色：炸粉中比例最高的细玉米淀粉，其实是玉米脱水后直接磨成的，故较市面上经过多道手续处理、提炼的玉米淀粉更具玉米香气，可于杂粮店购得。此配方调出来的粉浆色泽微黄，口感较酥硬且有淡淡玉米和蒜香气。

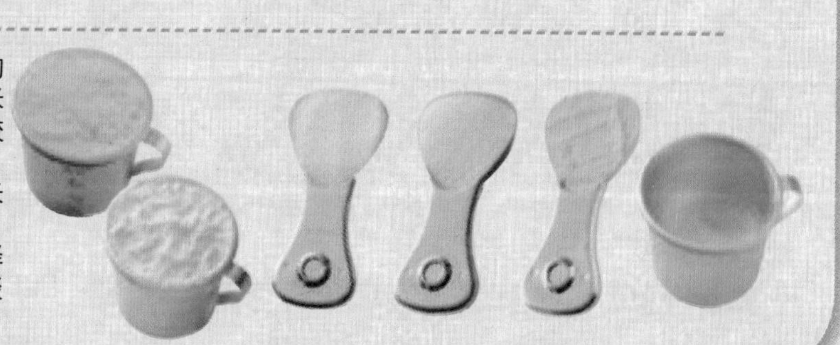

01 盐酥鸡

干粉炸

材料 · ingredient

去骨鸡胸肉1块，罗勒适量，椒盐粉适量

调味料 · seasoning

姜母粉1/4小匙，蒜香粉1/2小匙，五香粉1/4小匙，细砂糖1大匙，米酒1大匙，酱油膏2大匙，水2大匙

炸粉 · fried flour

地瓜粉100克

做法 · recipe

1. 先将鸡胸肉洗净后去皮切小块；罗勒洗净沥干。
2. 将所有调味料混合调匀成腌汁，再将鸡胸肉块放入腌汁中腌渍1小时。
3. 捞出鸡胸肉块沥干，均匀沾裹地瓜粉后静置30秒反潮备用。
4. 热油锅，待油温烧热至约180℃，放入鸡胸肉块，以中火炸约3分钟至表皮成金黄酥脆。
5. 将鸡胸肉块捞出沥干油，撒上椒盐粉，再将罗勒略炸，放在鸡胸肉块上即可。

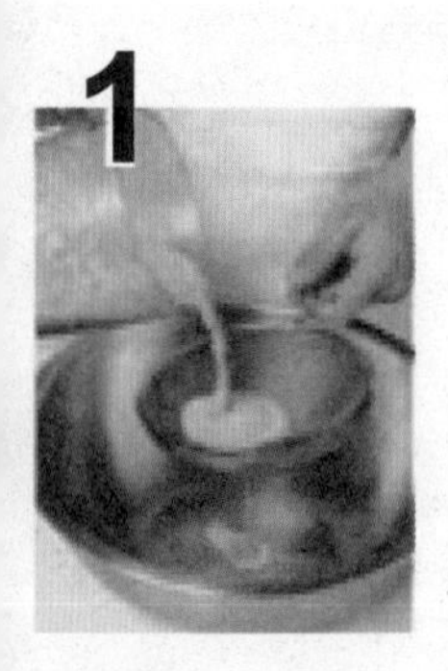

02 炸嫩鸡腿

材料 · ingredient

鸡腿2只，低筋面粉240克，玉米淀粉240克

调味料 · seasoning

A. 葱2根，姜15克，蒜仁30克，五香粉1/2小匙，盐1/2小匙，水50毫升，米酒1大匙，细砂糖1小匙

B. 椒盐粉1大匙

做法 · recipe

1. 将所有调味料A一起放入果汁机中，搅打约30秒后滤去渣即是腌汁，备用（见图1）。
2. 混合低筋面粉及玉米淀粉，过筛后加入椒盐粉拌匀成外裹粉，备用（见图2）。
3. 鸡腿洗净，放入腌汁中腌渍约30分钟取出（见图3），再均匀沾裹上外裹粉，略抖动鸡腿，去掉多余的粉（见图4）。
4. 热油锅，待油温烧热至约150℃，放入鸡腿（见图5），以小火慢炸约8分钟后，转中火提高油温、逼出油分，炸至鸡腿表面呈金黄酥脆状，捞出沥干油即可。

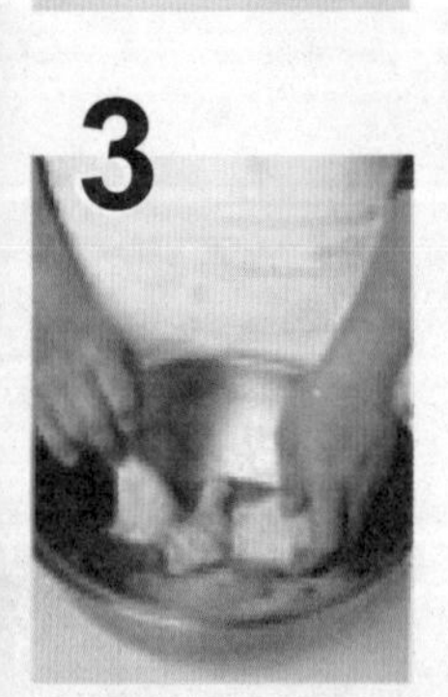

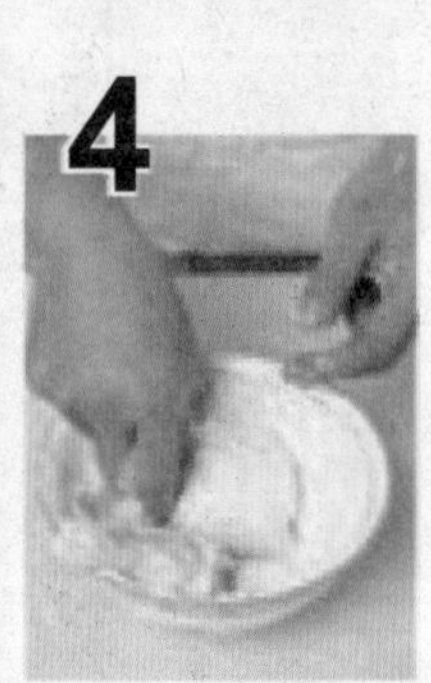

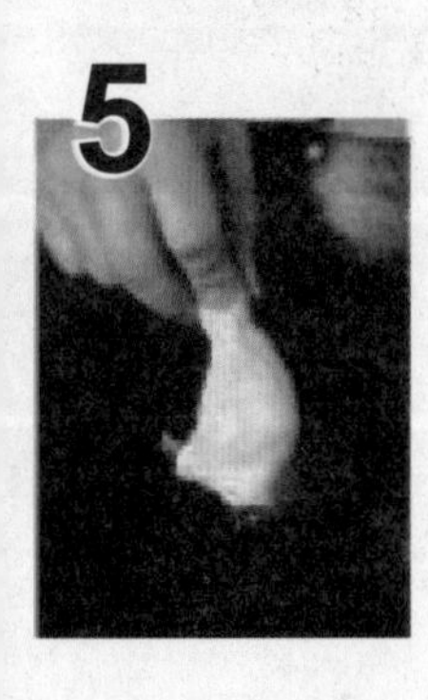

03 红糟豆乳鸡 干粉炸

材料 ◦ ingredient

鸡胸肉……………500克
蒜泥………………10克
罗勒………………适量
地瓜粉……………适量

腌料 ◦ pickle

红糟豆腐乳………60克
细砂糖……………1大匙
米酒………………2大匙
水…………………3大匙

做法 ◦ recipe

1. 鸡胸肉洗净切小块，备用。
2. 将红糟豆腐乳捣碎，与其余腌料混合拌匀，再加入蒜泥与做法1的鸡胸肉块拌匀，腌渍约1小时，备用。
3. 将鸡胸肉块均匀沾裹上地瓜粉，放入油锅中，以中小火炸熟至上色、捞出，转大火再次放入鸡胸肉块、罗勒炸至酥脆，捞出沥干油分即可。

04 鸡米花 干粉炸

材料 ◦ ingredient

去骨鸡胸肉 600克

腌料 ◦ pickle

水40毫升，鸡蛋1个，小豆蔻粉1/4小匙，洋葱粉1/2小匙，香蒜粉1/2小匙，姜母粉1/2小匙，盐1/2小匙

炸粉 ◦ fried flour

低筋面粉1杯，玉米淀粉1杯，糯米粉1杯，泡打粉1小匙，盐1小匙，细砂糖3小匙，香蒜粉1大匙

做法 ◦ recipe

1. 去骨鸡胸肉洗净后去皮切成小块。
2. 将所有的炸粉材料混合后过筛，备用。
3. 取一大容器，将所有腌料加入，混合调匀成腌汁，再将做法1的鸡胸肉块放入腌汁中，腌渍约1小时。
4. 取出鸡胸肉块沥干，均匀地沾裹炸粉，再静置30秒反潮备用。
5. 热一锅油，待油温烧热至约180℃后，放入鸡胸肉块，以中火炸约3分钟至表皮成金黄酥脆，捞出沥干油即可。

05 脆皮炸鸡 干粉炸

材料 • ingredient

棒棒腿4只，鲜奶400毫升，鸡蛋2个

炸粉 • fried flour

低筋面粉1杯，玉米淀粉1杯，糯米粉1杯，泡打粉1小匙，盐1小匙，细砂糖3小匙，香蒜粉1大匙

腌料 • pickle

盐1/2小匙，细砂糖2小匙，黑胡椒粒1小匙，洋葱粉1/2小匙，香蒜粉1/2小匙，姜母粉1/2小匙，小豆蔻粉1/4小匙，米酒1大匙，水40毫升

做法 • recipe

1. 取一大容器，先放入低筋面粉，再倒入玉米淀粉、糯米粉、泡打粉、盐、细砂糖和香蒜粉，将所有炸粉类混合拌匀，再过筛备用。
2. 取一大容器，放入腌料中的盐、细砂糖、黑胡椒粒、洋葱粉、香蒜粉、姜母粉、小豆蔻粉、米酒，混合均匀后再加入水慢慢调匀或腌汁。
3. 将棒棒腿洗净，放入混合均匀的腌料中抓匀，让棒棒腿均匀地沾裹上腌汁，再封上保鲜膜，腌渍约2小时。
4. 先将鲜奶与鸡蛋搅拌均匀，将腌渍好的棒棒腿取出，放入做法1中调好的炸粉内，均匀地裹上炸粉，再放置一旁，让棒棒腿稍微反潮，接着将棒棒腿沾裹上鸡蛋牛奶，再次放入炸粉内，均匀沾裹上炸粉后，以2只棒棒腿互相轻敲，抖除多余的炸粉，让棒棒腿表面呈现微微鳞片状。
5. 烧一锅油至约180℃，将裹好粉的棒棒腿一只一只轻轻地放入油锅中，以中火炸约13分钟，至表面呈现金黄酥脆时，捞出沥干油即可。

炸出好吃炸鸡秘诀

鸡肉裹粉后反潮很重要

反潮的用意在于能够让炸粉紧密地附着在鸡肉上，不会一下锅炸粉就立刻散开，而沾裹炸粉的目的除了要让炸鸡吃起来有酥脆口感外，也能让炸鸡外酥内嫩，不会使肉质吃起来干干的。

怎么样判断炸熟了没？

炸鸡最怕没有炸熟，因为有时炸的部位肉较厚，很容易不熟，所以炸的时间一定要充足，而且不能心急用大火。除了炸的时间要足够外，可以观察油泡，一开始下锅时所产生的油泡声音较小，炸越久鸡肉所含的水分越少，油炸的油泡和声音会越来越大声，等到开始变大声之后，就不用再炸太久，可以准备起锅沥油了。

在腌渍的时候，一定要确认鸡肉有均匀地沾裹上腌汁，并且腌渍期间可以稍微翻动，让每面都能沾裹上腌汁。腌渍的时间不能太短也不宜太长，最长不要超过一天。

要炸出美味的脆皮炸鸡，裹粉的步骤相当重要。一定要经过一次裹粉、过水、再次裹粉、轻敲抖粉这4个动作，才能裹出漂亮的鳞片状炸鸡。

油炸的时候，千万不要全程以大火油炸，除了因为鸡腿肉较厚，很容易炸不熟外，以大火炸鸡很容易让表面焦黑，不仅卖相差，吃起来也会有苦味。

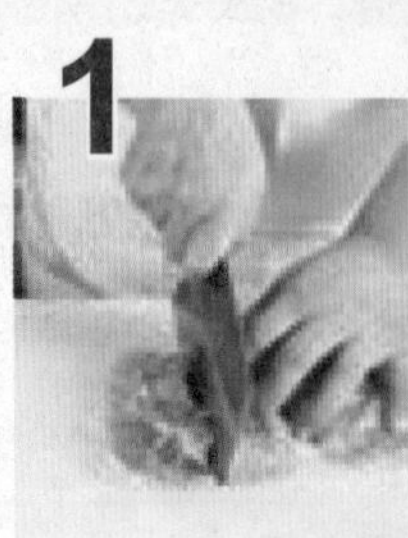

06 唐扬炸鸡

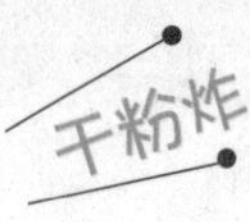

材料。ingredient

鸡腿2只

腌料。pickle

淡酱油2大匙，米酒2大匙，味醂20毫升，盐1/4小匙，香油1小匙，姜泥15克

炸粉。fried flour

低筋面粉40克，淀粉（树薯淀粉）20克

做法。recipe

1. 先将鸡腿肉洗净，以刀去骨后加入少许盐、米酒（分量外）抓匀，腌约5分钟，再加入适量水（材料外）洗净，再将鸡腿肉擦干、切成块状。
2. 取碗，将鸡腿肉块放入，加入淡酱油、米酒、味醂、盐、姜泥和香油混合抓匀，盖上保鲜膜，静置腌渍约1小时。
3. 取一个容器，将炸粉材料中的低筋面粉以细网过筛至容器中，再和淀粉混合拌匀成炸粉，备用。
4. 将腌渍好的鸡腿肉块放入炸粉中，稍微按压均匀地沾裹上炸粉，再将多余的粉稍微抖除。
5. 热油锅，待油温烧热至约170℃，放入鸡腿肉块，以中火炸约4分钟至表皮成金黄酥脆，捞出沥干油，再重新放入油锅中，续炸约10秒钟即可再次捞出沥干油分。

07 香柠鸡排

干粉炸

材料 · ingredient

鸡胸肉1/2块，地瓜粉100克，胡椒盐适量

做法 · recipe

1. 鸡胸肉洗净后去皮、去骨，横剖到底成一片蝴蝶状的肉片（不要切断），加入香柠腌酱（做法见下文）腌渍约30分钟捞起、沥干。
2. 取鸡排，以按压的方式均匀沾裹地瓜粉备用。
3. 热油锅，待油温烧热至150℃时放入鸡排炸约2分钟，至鸡排表皮酥脆且呈现金黄色时即捞起沥油，食用前均匀撒上胡椒盐即可。

香柠腌酱

材料：

柠檬1颗、细砂糖1小匙、盐1/4小匙、小苏打1/4小匙、水30毫升、米酒1大匙

做法：

（1）柠檬压汁；其余材料放入果汁机中搅打30秒，备用。

（2）取一碗，加入柠檬汁与打成汁的做法1材料一起拌匀即可。

08 卡拉炸鸡块

干粉炸

材料 · ingredient

鸡腿排2块

炸粉 · fried flour

低筋面粉1/2杯，玉米淀粉1杯，吉士粉1/2杯

调味料 · seasoning

葱1根，姜15克，洋葱20克，蒜香粉1/2小匙，盐1/4小匙，细砂糖1/2小匙，水50毫升，米酒1小匙

做法 · recipe

1. 鸡腿排洗净后沥干；炸粉混合，备用。
2. 将所有调味料一起放入果汁机搅打约30秒滤去渣成腌汁。
3. 将鸡腿排放入腌汁中腌渍30分钟后，取出鸡腿排，以按压的方式均匀沾裹炸粉后再放入腌汁中沾湿，再裹一次炸粉后轻轻抖掉多余的粉备用。
4. 热油锅，待油温烧热至约160℃，放入鸡腿排以中火炸约10分钟至表皮成金黄酥脆时捞出沥干油即可。

09 炭烤鸡排

材料 ◦ ingredient

带骨鸡胸肉1/2块，地瓜粉2杯，特调烤肉酱适量

腌料 ◦ pickle

A.葱2根，姜10克，蒜仁40克，水100毫升

B.五香粉1/4小匙，细砂糖1大匙，酱油膏细砂1大匙，小苏打1/4小匙，米酒2大匙

做法 ◦ recipe

1. 鸡胸肉洗净，去骨去皮，从鸡胸肉侧面中间横剖到底，但不要切断，成一大片。
2. 将葱、姜、蒜仁一起放入果汁机中加入水打成汁，用滤网将渣滤除后加入所有腌料B，拌匀后成腌汁。
3. 将鸡排放入腌汁中，盖上保鲜膜后放入冰箱冷藏，腌约2小时后取出，放入地瓜粉用手掌按压让粉沾紧。
4. 鸡排翻至另一面，同样略按压后，拿起轻轻抖掉多余的粉，再静置约1分钟使粉回潮。
5. 热一锅油至180℃，放入鸡排，炸约2分钟（见图1）至表面金黄起锅沥干油（见图2）。
6. 用毛刷沾烤肉酱（做法见右文）涂至做法5的鸡排上，再放至烤炉上烤至香味溢出后翻面再烤，续涂上一层烤肉酱（见图3），继续烤至略焦香后即可。

特调烤肉酱

材料：
蒜仁40克，酱油膏100克，五香粉1克，姜10克，凉开水20毫升，米酒20毫升，胡椒粉2克，细砂糖25克

做法：
将所有材料放入果汁机内打成泥即可。

10 香香鸡 湿粉炸

材料 ◦ ingredient

去骨鸡胸肉400克，淀粉（树薯淀粉）3大匙，白芝麻1大匙

腌料 ◦ pickle

姜母粉1/4小匙，蒜香粉1/2小匙，五香粉1/4小匙，细砂糖1大匙，米酒1大匙，酱油膏2大匙，水2大匙

做法 ◦ recipe

1. 鸡胸肉洗净后去皮剁小块。
2. 将所有腌料混合调匀成腌汁，再将鸡胸肉块放入腌汁中抓匀，按摩至水分收干有黏性。
3. 将淀粉及白芝麻加入鸡胸肉块中抓匀。
4. 热油锅，待油温烧热至约180℃，放入鸡胸块中火炸约3分钟至表皮成金黄酥脆，捞出沥干油，撒上椒盐粉（材料外）即可。

美味小秘诀

一般腌肉时会加入许多调味粉增加风味，但如果要让炸鸡更好吃，加入新鲜的蒜泥风味会更好。

11 酥炸鸡柳

材料 ◦ ingredient

鸡胸肉200克，蒜泥1大匙

炸粉 ◦ fried flour

淀粉（树薯淀粉）1大匙，吉士粉1大匙

调味料 ◦ seasoning

A. 盐1/4小匙，鸡精粉1/2小匙，细砂糖1/2小匙，米酒1大匙，鸡蛋1个

B. 椒盐粉1大匙

做法 ◦ recipe

1. 鸡胸肉洗净切成约1厘米粗细，长约5厘米条状，加入蒜泥及调味料A抓匀腌渍20分钟备用。
2. 继续加入淀粉及吉士粉拌匀成稠状备用。
3. 热锅下约500毫升油烧热至约160℃，将鸡柳一条条下锅，以中火炸约2分钟至表面略金黄定型后，捞出沥干。
4. 将油持续加热至约180℃，再将鸡柳入锅，大火炸约1分钟至颜色变深，表面酥脆后捞起沥干油装盘，食用时蘸椒盐粉即可。

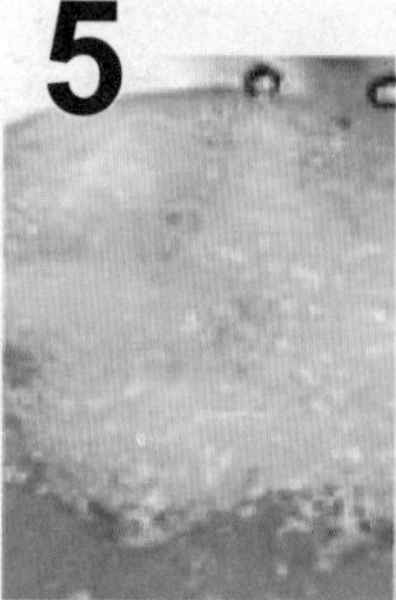

12 薄皮炸鸡 湿粉炸

材料 ◦ ingredient

大鸡腿2只

炸粉 ◦ fried flour

鸡蛋1个，玉米淀粉1/2杯，水40毫升

腌料 ◦ pickle

盐1/2小匙，细砂糖1大匙，黑胡椒粒1小匙，香蒜粉1/4小匙，洋葱粉1/2小匙，姜母粉1/4小匙，肉桂粉1/4小匙

做法 ◦ recipe

1. 先将整只大鸡腿洗净，去除多余的肥油和脏污，从关节处剁开成两块（见图1），洗净后沥干，再以厨房纸巾擦干，备用。
2. 取一大容器，放入腌料中的盐、细砂糖、黑胡椒粒、香蒜粉、洋葱粉、姜母粉、肉桂粉、炸粉材料中的鸡蛋和玉米淀粉，再倒入水，缓缓拌匀成腌汁（见图2）。
3. 将做法1的鸡腿肉放入调制好的腌汁中，均匀地沾裹上腌汁（见图3），盖上保鲜膜，静置腌渍约1个小时。
4. 热一锅油，待油温烧热至约180℃，放入腌渍好的鸡腿肉（见图4），以中火炸约13分钟，至表皮成金黄酥脆时捞出沥干油即可（见图5）。

13 红腐乳炸鸡 湿粉炸

材料 ◦ ingredient

肉鸡腿……………3只
蒜末……………1小匙
低筋面粉………10克
淀粉（树薯淀粉）
……………………30克
鸡蛋…………………1个
色拉油 ……300毫升

调味料 ◦ seasoning

南乳（红豆腐乳）1块
细砂糖 …………1大匙
酱油…………1/2小匙
米酒……………1大匙

做法 ◦ recipe

1. 肉鸡腿切块，加蒜末、南乳（压成泥）及其余调味料腌约30分钟备用。
2. 将鸡腿块加入低筋面粉、淀粉、鸡蛋拌匀。
3. 热一锅，倒入色拉油加热至约160℃，放入鸡腿块，以中火炸约6分钟捞出即可。

14 香辣炸鸡翅 湿粉炸

材料 ◦ ingredient

鸡中翅（2节翅）10只，蒜泥10克，鸡蛋1个

调味料 ◦ seasoning

辣椒粉1/4小匙，盐1/4小匙，细砂糖1小匙，什锦香料1/4小匙

炸粉 ◦ fried flour

低筋面粉1大匙，玉米淀粉1大匙

做法 ◦ recipe

1. 蒜泥、鸡蛋及所有调味料放入盆中拌匀成腌汁，备用。
2. 鸡翅洗净沥干，放入腌汁中抓匀腌渍2小时，再加入低筋面粉及玉米淀粉搅拌均匀。
3. 热一油锅，待油温烧热至约160℃，放入鸡翅，以中火炸约5分钟至表皮成金黄酥脆即可。

15 奶酪酱爆鸡排

材料 · ingredient

无骨鸡胸肉……1/2块
奶酪片……2片
洋葱末……15克

炸粉 · fried flour

玉米淀粉……1/2杯
蛋液……2个
面包粉……2杯

调味料 · seasoning

盐……1/4小匙
细砂糖……1/4小匙
香蒜粉……1小匙
米酒……1大匙
蛋液……1大匙
淀粉（树薯淀粉）……1小匙
水……2大匙

做法 · recipe

1. 将无骨鸡胸肉洗净，从中间横切成蝴蝶片。
2. 将所有调味料全部拌匀后，放入鸡胸肉腌渍腌约2小时，备用。
3. 将腌好的鸡胸肉取出摊平，在鸡胸肉1/2中间处放入奶酪片及洋葱末，并对折包起。
4. 将鸡排依序沾上玉米淀粉、蛋液，最后沾上面包粉并稍用力压紧。
5. 热油锅，烧热至约150℃后将鸡排下锅炸约4分钟至金黄即可。

16 轰炸鸡排

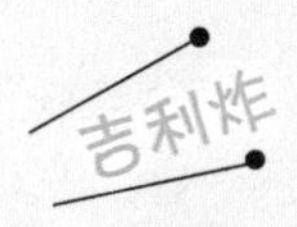

材料 · ingredient

鸡胸排1付，鸡蛋1个，低筋面粉1大匙，水少许，面包粉少许

腌料 · pickle

葱末少许，姜末少许，生抽1小匙，米酒1小匙，鸡粉少许

做法 · recipe

1. 鸡胸排洗净，加入所有腌料腌约20分钟至入味，拍上少许低筋面粉。
2. 将剩下的低筋面粉与鸡蛋、水均匀调成面糊，裹于鸡胸排上后，再均匀沾上一层面包粉。
3. 热油锅至约130℃的油温，放入鸡胸排，随即转小火（约110℃的油温）炸约3分钟，再转中火炸约1分钟即可。

脆皮炸鸡排

材料 ◦ ingredient

带骨鸡胸肉………1块

炸粉 ◦ fried flour

自制脆浆粉……100克
（做法请参考P11）
水………………110毫升

腌料 ◦ pickle

姜母粉………1/4小匙
香蒜粉………1/2小匙
五香粉………1/4小匙
细砂糖…………1大匙
酱油膏…………2大匙
米酒……………1大匙
水………………2大匙

做法 ◦ recipe

1. 先将带骨鸡胸肉洗净后去皮，将鸡胸肉翻面，对准中间处切开，一分为二。再将带骨鸡胸肉用刀从侧面1/3处横剖到底不切断，将厚的一块慢慢片开到底，但不切断，成一大片备用。
2. 将炸粉材料中的脆浆粉及水混合调匀，成稠状粉浆备用。
3. 取一大容器，将腌料中的姜母粉、香蒜粉、五香粉、细砂糖、酱油膏、米酒和水加入，混合调匀，成腌汁备用。
4. 将带骨鸡胸肉放入腌汁中，均匀地沾裹腌汁，盖上保鲜膜，静置腌渍约1小时至入味后，捞出鸡排沥干备用。
5. 热一锅油，待油温烧热至约160℃，将腌渍好的鸡胸肉沾上做法2的粉浆，放入油锅中，以中火炸约10分钟，至表皮成金黄酥脆时捞出，沥干油即可。

炸出好吃炸鸡秘诀

如何让粉浆沾裹地更均匀？

腌渍能让鸡胸肉较入味，但腌渍后、沾裹粉浆前，记得将腌汁沥干，如果没有沥干，不容易沾附上粉浆，造成粉浆脱落。

掌握油温，鸡排炸出来就漂亮？

在炸粉浆炸鸡排前，一定要注意油温是否在够。炸的时候后油温要在160~180℃，否则粉浆下锅后来不及定型，就会容易脱落。

如何判断鸡排是否已经炸熟？

鸡排厚度不像鸡腿那么厚，所以可以在肉最厚的地方用干净的剪刀剪一小缝，如果肉色变白且没有红色血水，就表示已经熟了，此时赶快起锅就可以保持外酥里嫩的鲜美肉质。

大鸡排是用机器压薄变大，而非用肉锤拍薄，因为鸡肉捶过肉质会松散，炸过之后口感会变差。在家想自己做大鸡排时，可以用菜刀从鸡肉的侧边横剖片薄即可。还有炸鸡排要挑选饲料鸡（肉鸡），因为炸鸡排吃的是肉的嫩度，若使用仿土鸡或放山鸡，炸起来反而容易涩，浪费了食材本身的鲜甜！

想要将鸡排炸得漂亮，沾裹上粉浆后要立刻下锅油炸，粉浆才不容易脱落。而且尽量一次只放一片，若一次放很多片油温容易下降太快，也会造成粉浆脱落。

18 蜜酥鸡排

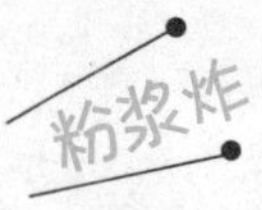

材料 • ingredient

A.鸡胸排1付（约450克）
B.蜂蜜1小匙，生抽1小匙，淀粉（树薯淀粉）少许，水1大匙

腌料 • pickle

葱段40克，姜片40克，生抽1小匙，细砂糖少许，米酒1小匙，胡椒粉少许，鸡粉少许

炸粉 • fried flour

低筋面粉1大匙，鸡蛋1个，水少许

做法 • recipe

1. 鸡胸排洗净，加入所有腌料腌约20分钟至入味；材料B的淀粉与水调成水淀粉备用。
2. 将炸粉材料调成面糊，与鸡胸排拌匀，使鸡胸排上裹上一层面糊。
3. 热油锅，以中火烧热至约110℃时，放入鸡胸排，转小火油炸约3分钟，再转回中火炸约1分钟，即捞起沥干油备用。
4. 将1大匙水与蜂蜜、生抽下锅煮热，再以水淀粉勾薄芡，淋在鸡胸排上即可。

粉浆炸

19 墨西哥辣味鸡腿

材料 • ingredient

棒棒腿……2只

调味料 • seasoning

水……10毫升
细砂糖……1/4小匙
鸡粉……1/4小匙
低筋面粉……2大匙
墨西哥辣椒粉……1/4小匙

做法 • recipe

1. 所有调味料混合拌匀成粉浆备用。
2. 将棒棒腿均匀沾裹上粉浆备用。
3. 热锅，倒入适量的油，油温热至150℃时，将棒棒腿放入油锅中，以中火炸至表面金黄且熟透即可。

20 香酥炸鸡腿

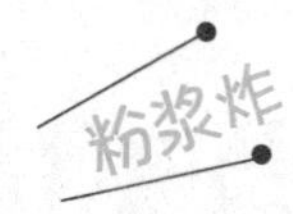

材料 ◦ ingredient

A.鸡腿2只
B.淀粉（树薯淀粉）80克，低筋面粉20克，粘米粉50克，鸡蛋1个，水140毫升，色拉油20毫升

调味料 ◦ seasoning

葱1根，姜15克，洋葱20克，蒜香粉1/2小匙，盐1/4小匙，细砂糖1/2小匙，水50毫升，米酒1小匙

做法 ◦ recipe

1. 鸡腿洗净，在腿内侧骨头两侧，用刀划深约1厘米的切痕，帮助腌渍入味，备用。
2. 将材料B混合调匀成粉浆备用。
3. 将所有调味料一起放入果汁机中，搅打约30秒后，滤去渣成腌汁备用。
4. 将鸡腿放入腌汁中，腌渍约30分钟后，捞出鸡腿沾裹上做法2的粉浆。
5. 热一锅油，待油温烧热至约160℃，放入鸡腿以中火炸约15分钟，至表面呈金黄酥脆状，捞出沥干油即可。

21 香炸鸡翅

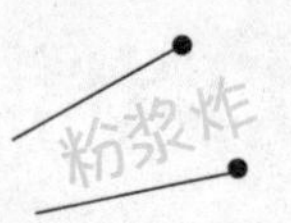

材料 ◦ ingredient

鸡中翅……………6只
玉米面糊…………1杯
椒盐粉…………1大匙

调味料 ◦ seasoning

蒜末………………15克
姜末………………10克
盐……………1/6小匙
细砂糖………1/4小匙
米酒………………1小匙
五香粉………1/6小匙

做法 ◦ recipe

1. 鸡翅洗净后加入所有调味料一起拌匀，腌渍30分钟。
2. 热一锅油，待油温烧热至约180℃，将鸡翅沾裹上玉米面糊（做法见下文）后放入锅中，以中火炸约4分钟至表皮呈现金黄酥脆时捞出沥干油，再撒上椒盐粉即可。

玉米面糊

材料：
玉米面150克，中筋面粉50克，盐1/2小匙，细砂糖1小匙，白胡椒粉1/2小匙，温水（60℃）100毫升，水120毫升

做法：
（1）先将玉米面、中筋面粉、盐、细砂糖及白胡椒粉混合均匀。
（2）继续加入温水拌匀，再加入水一起搅拌均匀即可。

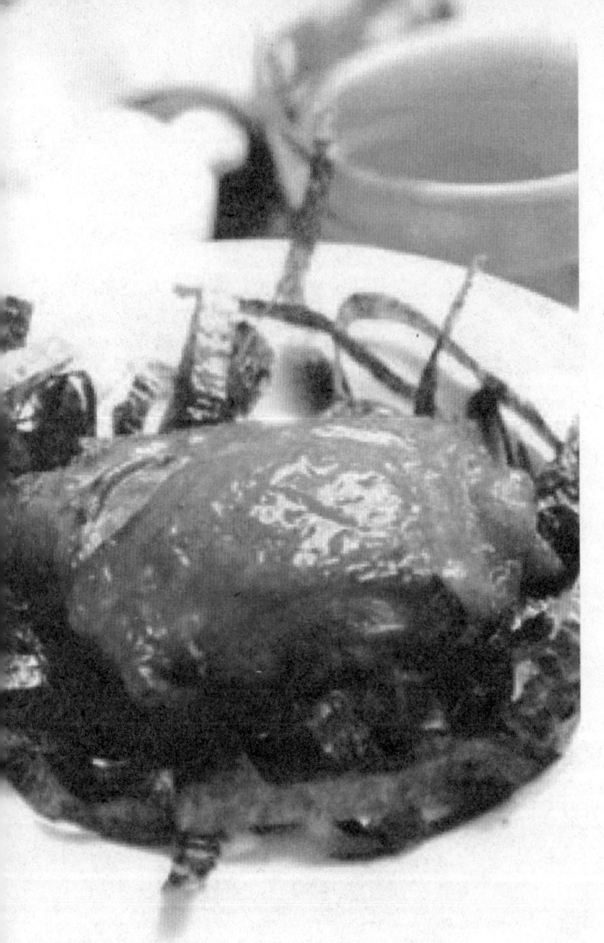

22 脆皮鸡

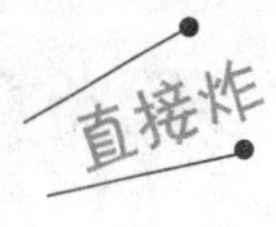

材料 ◦ ingredient

A. 肥嫩子鸡（童子鸡）…………1只
干海苔丝……适量

B. 麦芽糖……30克
白醋……200毫升
水……100毫升

调味料 ◦ seasoning

五香粉……1小匙
盐……3大匙

做法 ◦ recipe

1. 将肥嫩子鸡用沸水淋烫约1分钟，备用。
2. 将材料B混合，小火煮至麦芽糖溶化后，充分涂在肥嫩子鸡上。
3. 将所有调味料搓抹于鸡腔内后，将鸡挂起用风扇吹干备用。
4. 热一锅，倒入色拉油烧热至160℃后关火。
5. 将鸡取下，斩掉鸡头，以头下尾上放入油锅内（注意油不要溢出），浸约15分钟。
6. 开小火再炸约5分钟，转中火再炸约5分钟后取出，待鸡冷却后切块排盘，加上干海苔丝即可。

23 卤炸大鸡腿

直接炸

材料 ◦ ingredient

鸡腿……2只
葱……2根
姜……20克

调味料 ◦ seasoning

水……1600毫升
酱油……600毫升
葱……3根
姜……20克
细砂糖……120克
米酒……50毫升
卤包……1包

做法 ◦ recipe

1. 葱、姜拍破；鸡腿洗净，备用。
2. 热锅，加入2大匙色拉油，以小火爆香葱、姜，备用。
3. 取一卤锅，放入葱、姜，加入所有调味料，以大火煮开后放入鸡腿，转小火盖上盖子，让卤汁保持在略为滚沸状态，卤约10分钟后，熄火不打开盖子，续将鸡腿浸泡约10分钟后，捞出鸡腿、沥干卤汁，吹风至表面干燥。
4. 热油锅，待油温烧热至约160℃，放入鸡腿，以中火炸约2分钟至表皮呈金黄色，捞出沥干油脂即可。

24 香酥香鱼

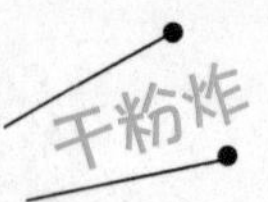

材料 ∘ ingredient

香鱼……………150克
地瓜粉…………… 适量

调味料 ∘ seasoning

胡椒盐…………… 适量

腌料 ∘ pickle

盐………………1/2小匙
米酒………………1大匙
葱段………………10克
姜片…………………5克
地瓜粉…………… 适量

做法 ∘ recipe

1. 香鱼洗净，加入腌料腌约10分钟备用。
2. 将香鱼均匀沾裹上地瓜粉备用。
3. 热锅倒入稍多的油，放入香鱼炸至表面金黄酥脆。
4. 将香鱼起锅沥油，撒上胡椒盐即可。

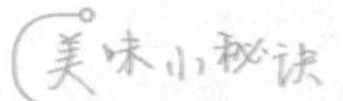

香鱼因为其肉质尝起来有股淡淡的香气，因而得名，也因肉质鲜美、细致而广受消费者喜爱。选购时以鱼身完整、鱼肉饱满有弹性者为佳，肚破则表示已经不是那么新鲜。

25 酥炸鳕鱼

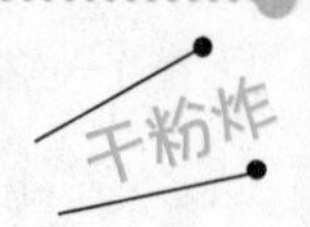

材料 ∘ ingredient

鳕鱼…… 1片（约300克）
地瓜粉……………… 1/2碗

调味料 ∘ seasoning

A.盐………… 1/8小匙
鸡粉……… 1/8小匙
黑胡椒粉‥ 1/4小匙
米酒…………1小匙
B.椒盐粉 ………1小匙

做法 ∘ recipe

1. 将鳕鱼摊平，将调味料A均匀的抹在两面上，静置约5分钟。
2. 将腌好的鳕鱼两面都沾上地瓜粉，备用。
3. 热一锅油至约150℃，将鳕鱼放入油锅炸至金黄色，捞起沥干装盘，食用时蘸椒盐粉即可。

26 魟魠鱼块

材料 ◦ ingredient

A.魟魠鱼 …… 600克
地瓜粉 ………… 1杯
B.低筋面粉 …… 1/2杯
水 ………………… 1杯
蛋黄 …………… 1个
C.猪油 …………… 6杯
香油 …………… 1杯

调味料 ◦ seasoning

米酒 ……………… 3大匙
香油 …………… 1.5大匙
细砂糖 ………… 1.5大匙
白胡椒粉 ……… 1小匙
盐 ………………… 1小匙
葱 ………………… 3根
姜 ………………… 2片

做法 ◦ recipe

1. 魟魠鱼洗净擦干去除水分，切去鱼皮、挑出鱼刺后，切成大小相同的块状，置于钢盆内与所有调味料充分拌匀，放至冰箱冷藏20分钟至入味备用。
2. 材料B拌匀成为面糊，将鱼块均匀沾裹面糊后，再将两面均裹上材料A的地瓜粉。
3. 热锅，放入材料C以中火烧热至190℃，放入鱼块炸约2分钟，起锅前转为大火逼出油分后捞起沥干即可。

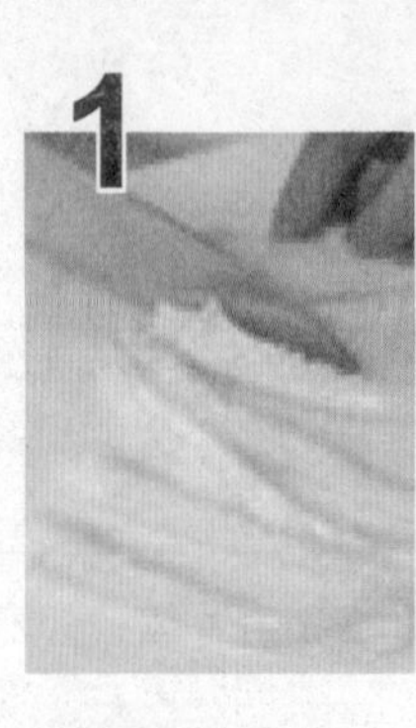

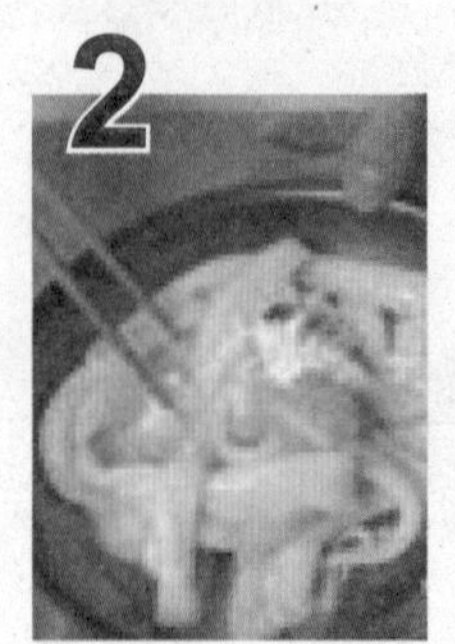

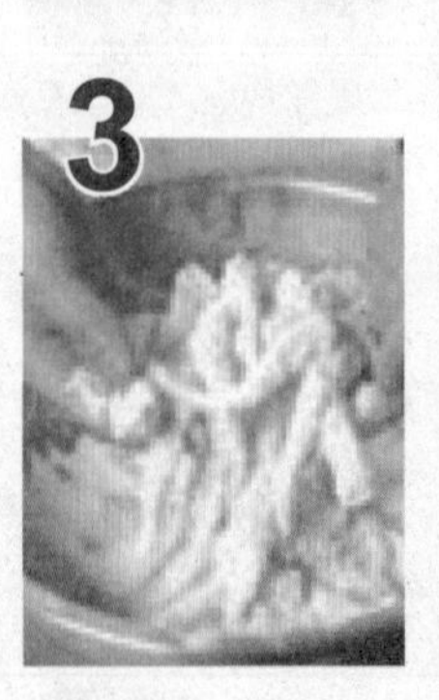

27 炸鱿鱼

干粉炸

材料 ◦ ingredient

鱿鱼须250克，罗勒5克，蒜泥1大匙，蛋液2大匙，地瓜粉200克，黄豆粉30克

调味料 ◦ seasoning

A.淀粉（树薯淀粉）2大匙，盐1小匙，白胡椒粉1/2小匙，米酒2大匙

B.胡椒盐1小匙

做法 ◦ recipe

1. 鱿鱼须洗净后，彻底沥干水分备用。
2. 再将鱿鱼须切成适当长度的条状，如有头部则将鱿鱼头切成小块状（见图1）。
3. 将做法2材料放入大碗中，加入蒜泥、蛋液及调味料A拌匀并腌2小时至入味（见图2）。
4. 地瓜粉与黄豆粉混合均匀成黄金地瓜粉。
5. 将腌至入味的做法3材料均匀沾裹上做法4的黄金地瓜粉裹衣（见图3）。
6. 将做法5材料放入180℃的热油中以中火炸约1分钟，待鱿鱼须浮起时再以漏勺集中盛起（见图4）。
7. 将罗勒放入做法6的漏勺中，与鱿鱼须一起放入过油约2秒钟（见图5）。
8. 捞起沥油，并趁热撒上胡椒盐即可。

28 牡蛎酥

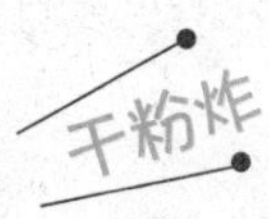

材料 · ingredient

牡蛎…………… 300克
罗勒………………20克

调味料 · seasoning

A.地瓜粉 ………… 1碗
B.盐 …………1/2小匙
白胡椒粉……1小匙

做法 · recipe

1. 牡蛎肉洗净沥干水分；罗勒挑去粗茎洗净沥干；调味料B混合均匀成椒盐粉备用。
2. 热一锅油至约180℃，将牡蛎裹上干地瓜粉，立刻下油锅炸约2分钟至表面酥脆，再加入罗勒略炸后即可起锅成盘。
3. 食用时可沾适量椒盐粉食用。

美味小秘诀

牡蛎本身的含水量高，要油炸得漂亮，不能事先沾好粉反潮，而是一沾粉最好就能立即下锅，否则油炸时水分含量高，不仅较危险，炸出来的成品也没那么好看。

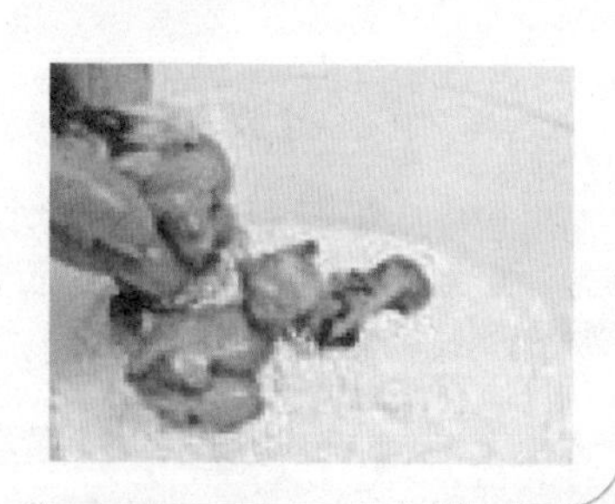

29 红糟鱼

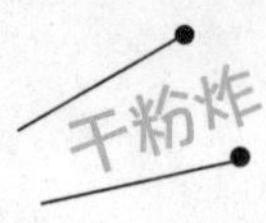

材料 ◦ ingredient

海鳗鱼肉……600克
低筋面粉………20克
地瓜粉…………100克

调味料 ◦ seasoning

红糟酱…………2大匙
蒜末……………30克
酱油……………1大匙
米酒……………1小匙
五香粉………1/2小匙

做法 ◦ recipe

1. 先将海鳗鱼肉洗净切块放入大碗中，加入所有调味料拌匀，腌渍约30分钟，再加入低筋面粉拌匀。
2. 将海鳗鱼肉均匀沾裹地瓜粉后静置约1分钟备用。
3. 热一锅油，待油温烧热至约180℃，放入海鳗鱼块，以中火炸约10分钟至表皮成金黄酥脆时捞出沥干油即可。

美味小秘诀

腌渍好海鳗鱼块后再加入面粉，不仅能让鱼块增加黏度，方便沾裹地瓜粉，也能让粉裹得均匀，如此就能轻松将鳗鱼块炸得又香又脆。

30 蒜香鱼片

材料 ◦ ingredient

草鱼肉…………180克
红辣椒……………2根
蒜仁……………30克
葱花……………30克

调味料 ◦ seasoning

A.淀粉（树薯淀粉）……………1大匙
米酒…………1小匙
蛋清…………1大匙
B.盐…………1/2小匙

做法 ◦ recipe

1. 将草鱼肉洗净切成厚约1厘米的鱼片，再用所有调味料A抓匀；蒜仁及红辣椒切末备用。
2. 热油锅，待油温烧热至约180℃，放入鱼片以中火炸约6分钟，至表皮呈金黄酥脆时捞出沥油。
3. 热锅倒入约1大匙色拉油，放入葱花、蒜末、红辣椒末以小火炒香，再放入做法2的鱼片及盐翻炒均匀即可。

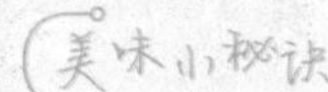

鱼肉肉质较松散，直接油炸容易碎裂，加少量淀粉可增加鱼肉表面粘着力，不易碎裂。

31 金钱虾饼

材料 ∘ ingredient

白虾8尾，豆薯60克，鱼浆80克，蒜酥1/2小匙，面包粉1/2碗

调味料 ∘ seasoning

盐1/2小匙，细砂糖/2小匙，胡椒粉1/4小匙，香油1/2小匙，淀粉（树薯淀粉）1/2小匙

做法 ∘ recipe

1. 白虾去壳、去肠泥，洗净吸干水分、切小丁，备用。
2. 豆薯去皮切细末，挤干水分，备用。
3. 将虾丁加入盐搅拌，再加入鱼浆及豆薯末，并加入其余调味料、蒜酥拌匀。
4. 将做法3捏成数颗丸子状，沾上面包粉后压成扁圆形，入油锅内以中油温炸约3分钟至金黄酥脆，捞出沥油后盛盘即可（食用时可另搭配番茄酱蘸食）。

32 酥炸柳叶鱼 吉利炸

材料 ◦ ingredient

柳叶鱼 ………… 300克
姜片 ………………… 10克
葱段 ………………… 10克
低筋面粉 ………… 适量
蛋液 ………………… 适量
面包粉 …………… 适量

腌料 ◦ pickle

盐 ……………… 1/2小匙
米酒 …………… 1大匙
白胡椒粉 ………… 少许

做法 ◦ recipe

1. 柳叶鱼处理后洗净，以姜片、葱段及所有腌料腌约10分钟备用。
2. 将柳叶鱼取出，依序均匀沾裹上低筋面粉、蛋液、面包粉备用。
3. 热锅，倒入稍多的油，待油温热至60℃，放入柳叶鱼炸至表面上色。
4. 续将做法3转大火，再将柳叶鱼炸至酥脆，捞出沥油即可。

33 酥炸大牡蛎 吉利

材料 ◦ ingredient

牡蛎肉 ………… 220克
面包粉 …………… 50克
鸡蛋 ………………… 1个
玉米淀粉 ………… 30克

调味料 ◦ seasoning

白胡椒盐 ……… 1大匙

做法 ◦ recipe

1. 把牡蛎肉洗净后、沥干；将鸡蛋打散成蛋液，备用。
2. 把牡蛎肉沾上玉米淀粉后，再沾上蛋液，最后再沾裹面包粉。
3. 热锅，加入约500毫升色拉油（材料外），加热至约160℃时，放入牡蛎肉以中火炸约1分钟至酥脆即可装盘，食用时蘸少许白胡椒盐即可。

美味小秘诀

沾玉米淀粉后再沾蛋液可以固定住玉米淀粉，之后再沾面包粉又可以帮助粘住面包粉，这样多层次的口感真是一举数得。

34 黄金鱼排

吉利炸

材料 • ingredient

鳕斑鱼片250克，低筋面粉适量，蛋液50克，面包粉适量，圆白菜丝适量，美乃滋适量

腌料 • pickle

盐1/4小匙，米酒1大匙，葱段10克，姜片10克

做法 • recipe

1. 鳕斑鱼片洗净切小片，加入所有腌料腌约10分钟备用。
2. 将鱼片依序沾裹上低筋面粉、蛋液、面包粉，静置一下。
3. 热锅，倒入稍多的油，待油温热至160℃，放入鱼片炸2~3分钟，捞出沥油。
4. 将鱼排与圆白菜丝一起盛盘，淋上美乃滋即可。

35 酥炸水晶鱼

材料 • ingredient

A. 水晶鱼…………80克
   罗勒叶…………5克
B. 中筋面粉……7大匙
   淀粉（树薯淀粉）…………1大匙
   色拉油………1大匙
   吉士粉………1小匙

调味料 • seasoning

胡椒盐…………适量

做法 • recipe

1. 将材料B拌匀成面糊，备用。
2. 水晶鱼洗净沥干，均匀沾裹上拌匀的面糊。
3. 热锅倒入稍多的油，放入水晶鱼炸至表面金黄酥脆，捞起沥干备用。
4. 于做法3的锅中放入罗勒叶稍炸至酥脆，捞起沥干与做法3的水晶鱼一起盛盘，搭配胡椒盐食用即可。

36 酥炸鱼条

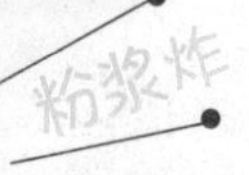

材料 • ingredient

A. 鲷鱼肉200克
B. 低筋面粉1/2杯，糯米粉1/4杯，淀粉（树薯淀粉）1/8杯，吉士粉1/8杯，泡打粉1/2小匙，水150毫升，色拉油1小匙

调味料 • seasoning

A. 盐1/8小匙，鸡精粉1/4小匙，白胡椒粉1/4小匙
B. 椒盐粉1小匙

做法 • recipe

1. 鲷鱼肉洗净，切成如小指大小的鱼条，加入调味料A拌匀备用。
2. 取碗加入所有材料B调成粉浆备用。
3. 热油锅，油温烧热至约160℃，将鲷鱼条，沾裹粉浆后放入油锅中，以中火炸至表皮呈金黄色状，捞起沥干油分，食用时蘸椒盐粉即可。

37 炸虾

粉浆炸

材料 ◦ ingredient

草虾………………10尾
天妇罗粉浆………2杯
（做法请参考P11）

调味料 ◦ seasoning

鲣鱼酱油………1大匙
味醂……………1小匙
高汤……………1大匙
萝卜泥…………1大匙

做法 ◦ recipe

1. 将草虾洗净，剥除头及身上的壳，仅留下尾部的壳；调味料的材料调匀成蘸汁，备用。
2. 将做法1的草虾腹部横划几刀，深至虾身的一半，不要切断。
3. 续将草虾摊直，并用手指将虾身挤压成长条，接着将草虾表面沾上一些干面粉（材料外）。
4. 热锅，倒入约400毫升色拉油（材料外），以大火将油烧热至约160℃后转小火，先捞少许天妇罗粉浆洒入油锅中，让粉浆形成小颗的脆面粒。续用长筷子将浮在表面的面粒集中在油锅边，一面迅速的将草虾沾上天妇罗粉浆后放入面粒集中处炸，使其沾上脆面粒。
5. 续转中火，炸约半分钟至表皮呈现金黄酥脆时，再捞起沥干油，即可装盘，食用时可搭配做法1的蘸汁食用。

粉浆炸

38 菠萝炸虾球

材料 · ingredient

菠萝80克，白虾8尾

调味料 · seasoning

A. 盐1/8小匙，胡椒粉少许，香油少许，淀粉（树薯淀粉）适量

B. 沙拉酱5大匙

炸粉 · fried flour

低筋面粉4大匙，地瓜粉1大匙，泡打粉1/2小匙，色拉油1小匙，水120毫升

做法 · recipe

1. 菠萝切小片，加入2大匙沙拉酱拌匀，置盘底，备用。
2. 白虾去壳、去肠泥，从背部剖开1/3处，洗净吸干水分，备用。
3. 所有炸粉材料调匀成粉浆，备用。
4. 虾仁加入所有调味料A抓匀，先沾上适量干淀粉（分量外），再沾上粉浆，入油锅内炸约2分钟至金黄酥脆，捞出沥油后盛入做法1的盘内。
5. 食用时搭配剩余3大匙沙拉酱蘸食即可。

美味小秘诀

菠萝炸虾球是餐厅人气招牌，想要虾仁看起来分量更大，只要切花增加分量，再沾裹粉浆，炸出来就会蓬松又大尾，立刻有满满一份的效果！

39 月亮虾饼

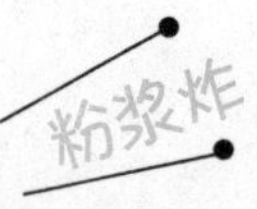

材料 · ingredient

虾仁200克，葱花20克，姜末10克，春卷皮4张，甜鸡酱适量

调味料 · seasoning

盐1/6小匙，细砂糖1/4小匙，白胡椒粉1/6小匙，淀粉（树薯淀粉）1大匙，香油1小匙

做法 · recipe

1. 虾仁洗净后去肠泥，以刀拍成泥状备用。
2. 将做法1虾泥加入所有调味料、葱花和姜末，一起拌匀成虾浆备用。
3. 取1张春卷皮摊平，抹上虾浆，再取1张春卷皮盖上，压紧边缘成一虾饼，重复此动作至完成2片虾饼。
4. 热油锅至油温约120℃，放入虾饼以小火慢炸并以筷子轻轻翻面，炸约4分钟至表面呈金黄色即可取出沥干油脂，切片后盛盘，食用时蘸上少许甜鸡酱即可。

40 传统虾卷

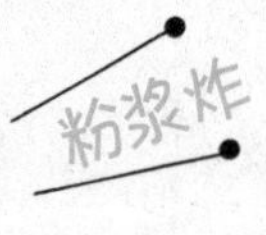

材料 · ingredient

A.虾仁300克，猪网油1张，淀粉（树薯淀粉）2大匙
B.鱼浆300克，洋葱末3大匙，胡萝卜末3大匙
C.低筋面粉半杯，水1.5杯
D.低筋面粉1/3杯，粘米粉1/3杯，猪油700毫升

调味料 · seasoning

姜末1/2小匙，葱末2大匙，米酒2大匙，香油2大匙

做法 · recipe

1. 虾仁洗净擦干，与所有调味料拌匀，稍微沥干水分后，再均匀沾裹少许淀粉，备用。
2. 所有材料B与虾仁、香油拌匀成虾馅，再将猪网油摊平，放入虾馅包卷成约3×6厘米的长筒状。
3. 材料C调匀成面糊，放入做法2沾裹均匀后立即沾裹上低筋面粉和粘米粉备用。
4. 热锅，放入猪油以中火烧至约170℃，放入做法3炸2~3分钟，至表面金黄时捞起沥干油即可。

41 椒盐炸软丝

粉浆炸

材料 · ingredient

软丝……………1/2尾
罗勒………………3根

调味料 · seasoning

盐………………少许
白胡椒粉………少许

炸粉 · fried flour

自制脆浆粉……100克
（做法请参考P11）
鸡蛋…………………1颗
米酒………………1小匙
水…………………适量

做法 · recipe

1. 先将软丝处理干净后洗净，切成圈状；罗勒洗净、沥干水分，备用。
2. 将所有的炸粉材料的放入容器中，再搅拌均匀成面糊状，备用。
3. 处理好的软丝均匀地沾上面糊，再放入油温约180℃的油锅中，炸至表面呈金黄色后捞起滤油。
4. 罗勒也过油略炸一下，捞起沥油，与软丝放一起，再撒上所有调味料即可。

42 盐酥鱿鱼

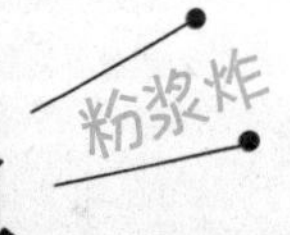

材料 · ingredient

A.鱿鱼3尾，葱2根，蒜仁30克，红辣椒1根
B.玉米淀粉1/2杯，吉士粉1/2杯

调味料 · seasoning

A.蒜末20克，盐1/4小匙，细砂糖1/4小匙，蛋黄1个
B.盐1/4小匙

做法 · recipe

1. 鱿鱼洗净剪开后去皮膜，在内面交叉斜切花刀后用纸巾略为吸干水分。
2. 加入所有调味料A与鱿鱼拌匀；将材料B的粉混合成炸粉；葱、蒜仁及红辣椒切碎备用。
3. 将鱿鱼两面均匀沾裹上炸粉；热油锅，待油温烧热至约180℃，放入鱿鱼以大火炸约1分钟至表皮呈金黄酥脆时捞出沥油。
4. 锅底留少许油，小火爆香葱碎、蒜碎、红辣椒碎，再放入鱿鱼，撒入盐，以大火快速翻炒均匀即可。

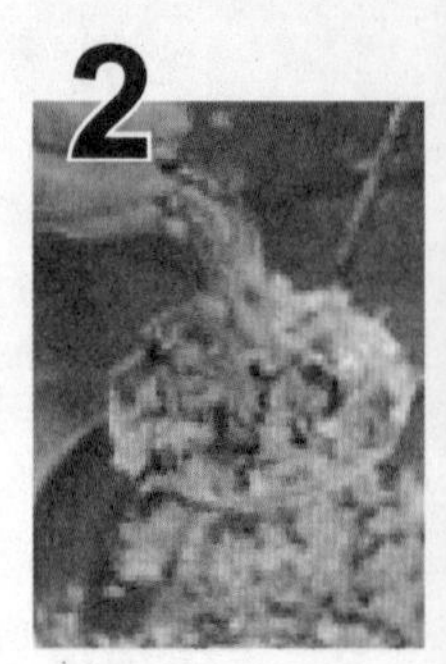

材料 ◦ ingredient

牡蛎200克，姜末5克，韭菜150克，圆白菜150克，色拉油适量

调味料 ◦ seasoning

盐1小匙，胡椒粉少许

腌料 ◦ pickle

中筋面粉150克，黄豆粉150克，鸡蛋1个，水400毫升

做法 ◦ recipe

1. 牡蛎洗净、沥干水分，备用。
2. 韭菜与圆白菜洗净、切细，与牡蛎一起加入姜末以及所有调味料一起拌匀。
3. 将中筋面粉、黄豆粉加入鸡蛋、水一起搅拌均匀，成面糊状。
4. 热锅，加入半锅油的量，烧热到约170℃，接着将炸牡蛎的铲子放入油锅烧热、取出，这样可以帮助接下来炸牡蛎时，较容易与器具分开，不易粘住。
5. 在烧热的铲子放上适量的面糊，并均匀抹平（见图1），然后放入做法2搅拌好的材料（见图2），上层再盖上面糊（见图3）。
6. 起一油锅约160℃，将做法5的面糊入油锅炸2分钟（见图4）后，敲动铲子，让牡蛎滑入油内（见图5），再炸成金黄色即可。

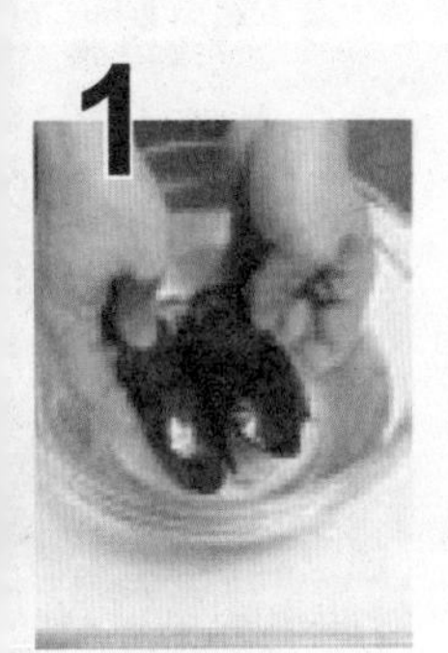

44 酥炸软壳蟹

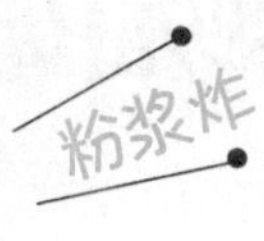
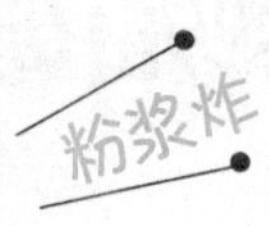

材料。ingredient

软壳蟹2只，西生菜1/4颗，红辣椒1根

调味料。seasoning

盐少许，黑胡椒粒少许

炸粉。fried flour

自制脆浆粉（做法请参考P11）120克，鸡蛋1个，水适量，色拉油1小匙

做法。recipe

1. 先将软壳蟹洗净（见图1），再对切（见图2）；所有炸粉材料搅拌均匀至稠状成粉浆（见图3），备用。
2. 将西生菜洗净切丝；红辣椒洗净切丝，备用。
3. 再将软壳蟹沾裹混合好的粉浆（见图4），再放入油温约190℃的油锅中（见图5），炸成酥脆状后捞起滤油，备用。
4. 西生菜丝与红辣椒丝放入盘中，再将炸好的软壳蟹放上，撒上少许的黑胡椒粒与盐在上面即可。

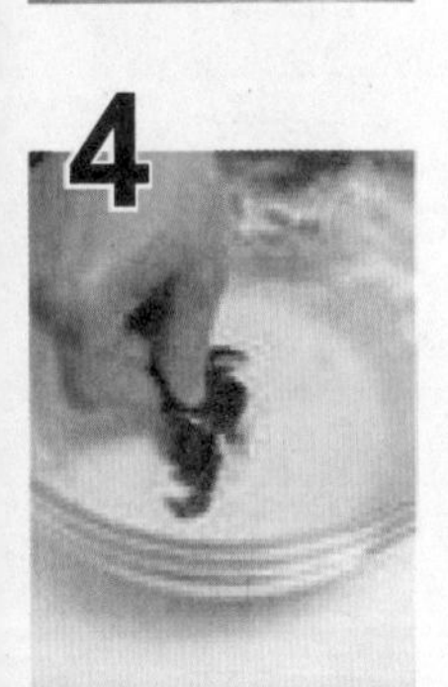

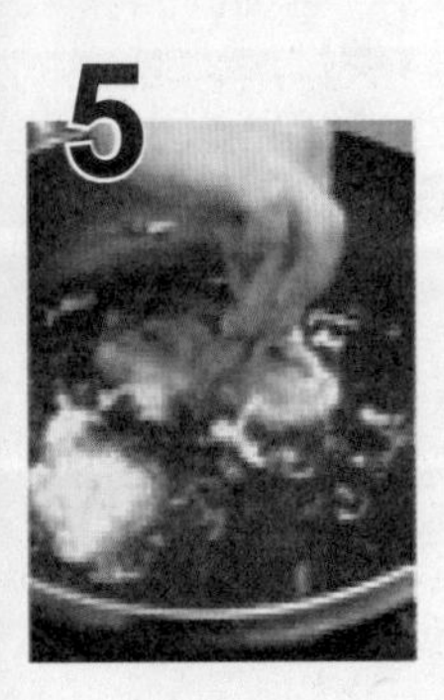

45 酥炸鲜鱿圈

粉浆炸

材料 · ingredient

鲜鱿鱼 ………… 250克

腌料 · pickle

盐 ………………1/2小匙
胡椒粉 ……… 1/4小匙
米酒………………1大匙

炸粉 · fried flour

吉士粉 …………1大匙
淀粉（树薯淀粉）
……………………4大匙
低筋面粉………1大匙
水 …………… 150毫升

做法 · recipe

1. 鲜鱿鱼洗净切圈状，放入所有腌料抓匀，腌约5分钟；炸粉材料调匀成粉浆，备用。
2. 热锅，倒入适量色拉油，待油温热至约140℃，将鲜鱿鱼均匀沾裹上粉浆后，放入油锅中，以中火炸至鱿鱼表面呈金黄色后捞起沥油即可。

美味小秘诀

鱿鱼圈的表面较光滑，直接沾裹粉浆，油炸时面衣容易脱落，因此，必须先沾裹上干粉再沾上粉浆，面衣炸起来就会牢固漂亮。

46 酥炸墨鱼丸

粉浆炸

材料 · ingredient

墨鱼（或墨鱼头）
……………………80克
鱼浆……………80克
白馒头 …………30克
鸡蛋…………………1个

调味料 · seasoning

盐 ……………… 1/4小匙
细砂糖 ……… 1/4小匙
白胡椒粉…… 1/4小匙
香油…………1/2小匙
淀粉（树薯淀粉）
………………1/2小匙

做法 · recipe

1. 墨鱼洗净切小丁、吸干水分，备用。
2. 白馒头泡水至软，挤去多余水分，备用。
3. 将上述材料加入鱼浆、鸡蛋、所有调味料混合搅拌匀，挤成数颗丸子状，再放入油锅中以小火炸约4分钟至金黄浮起，捞出沥油后盛盘即可。

美味小秘诀

制作时加入鱼浆及馒头丁更增加分量，口感也会更有弹性好吃喔！

47 经典炸排骨

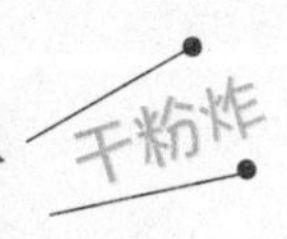

材料 ∘ ingredient

猪肉排2片（约240克），葱段20克，姜20克，蒜泥15克，地瓜粉100克

调味料 ∘ seasoning

酱油1大匙，细砂糖1小匙，甘草粉1/4小匙，五香粉1/4小匙，米酒1大匙，水3大匙

做法 ∘ recipe

1. 猪肉排洗净，用肉槌拍松断筋（见图1）。
2. 葱段及姜拍松放入大碗中，加入水和米酒，抓出汁后挑去葱段和姜，加入蒜泥和其余调味料，拌匀成腌汁（见图2）。
3. 将猪肉排放入腌汁中腌30分钟取出，均匀沾上地瓜粉备用（见图3）。
4. 热一油锅，待油温烧热至约180℃，放入猪肉排，以中火炸约5分钟至表皮呈金黄酥脆，捞出沥干油分即可（见图4）。

2

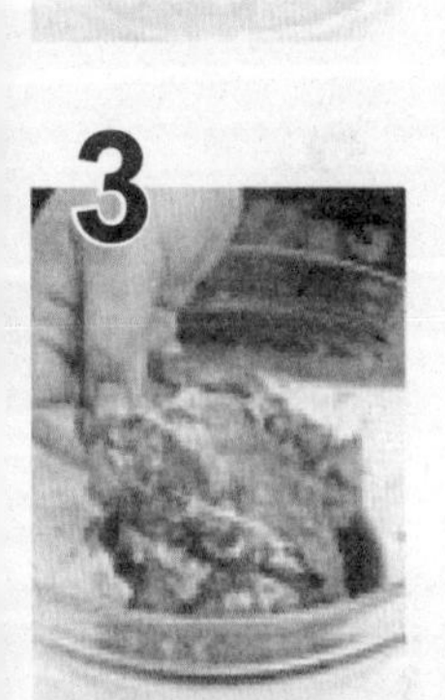

美味小秘诀

以干粉沾裹猪肉排下油锅炸的时候，一定要确定油温达到180℃，才不会导致猪肉排上的粉脱浆。

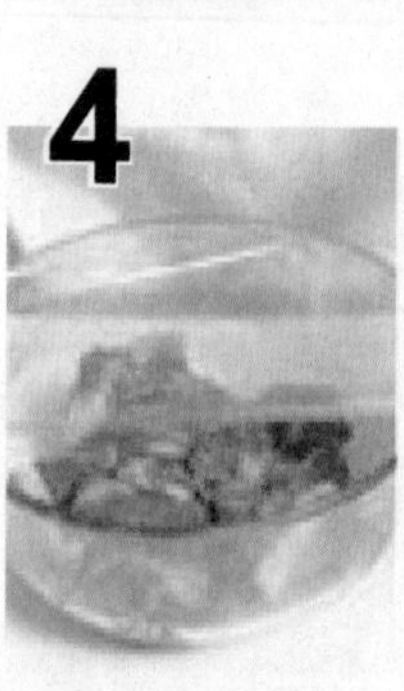

48 排骨酥

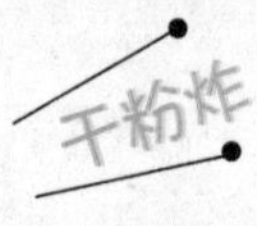

材料 ◦ ingredient

排骨600克，淀粉（树薯淀粉）20克，地瓜粉100克

调味料 ◦ seasoning

水4大匙，盐1/4小匙，香油1大匙，蒜泥30克，酱油1大匙，细砂糖1大匙，米酒1大匙，五香粉1/2小匙，甘草粉1/4小匙，白胡椒粉1/4小匙

做法 ◦ recipe

1. 排骨洗净，切适当块状，洗净后沥干水分，放入稍大的容器中备用。
2. 将所有调味料依序加入做法1的容器中（见图1）。
3. 将排骨搅拌按摩约5分钟后（见图2），盖上保鲜膜静置腌渍30分钟（见图3）。
4. 加入淀粉拌匀成粘稠状。
5. 再将排骨均匀沾裹上地瓜粉，静置约1分钟返潮备用。
6. 热油锅，待油温烧热至约180℃，放入排骨（见图4），以中火炸约5分钟至表皮成金黄酥脆，捞出沥油即可（见图5）。

49 炸红烧肉

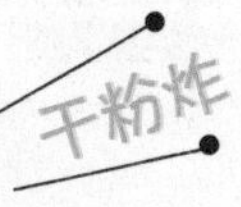

材料 • ingredient

猪五花肉……900克
红花米……15克
葱……2根
蒜仁……9个
姜……20克

调味料 • seasoning

米酒……2大匙
盐……2大匙
细砂糖……1大匙
食用色素（红色）…1小匙
淀粉（树薯淀粉）……适量
粗地瓜粉……适量

做法 • recipe

1. 葱切段；蒜仁拍碎；姜切片，将这些辛香料放入碗中抓匀后，再放入红花米、米酒抓一抓，接着放入盐、细砂糖、食用色素（红色）抓匀，即是腌料。
2. 将猪五花肉放入腌料中均匀裹好并按压，静置30分钟；另将粗地瓜粉和淀粉以3：1的比例调成炸粉，放上腌好的五花肉沾裹均匀。
3. 取一锅，倒入适量的色拉油，待油温烧热至150℃，放入猪五花肉，关小火油炸，几分钟后用筷子戳看看肉有没有变硬，再转大火逼油即可捞出沥油，最后将炸好的红烧肉切块，放上姜丝、香菜摆盘即完成。

50 酥扬薄肉片

干粉炸

材料 • ingredient

牛肉薄片……100克
低筋面粉……适量
金桔……适量

腌料 • pickle

酱油……1大匙
米酒……1/2大匙
味醂……1/2大匙
姜泥……1/2小匙
盐……适量
胡椒粉……适量

做法 • recipe

1. 牛肉薄片洗净，切成5厘米长备用。
2. 将所有腌料混合均匀备用。
3. 将牛肉薄片以腌料腌渍约15分钟后，沥干备用。
4. 将牛肉薄片均匀的沾上低筋面粉。
5. 热锅，倒入适量色拉油烧热至约180℃，将牛肉薄片放入锅中以涮的方式炸至酥脆状，捞起沥油。
6. 将炸好的牛肉薄片盛盘，再以金桔装饰即可。

51 传统炸排骨 湿粉炸

材料 · ingredient

猪肉排2片（约240克），淀粉（树薯淀粉）30克

调味料 · seasoning

蒜泥30克，酱油1大匙，盐1/4小匙，细砂糖1大匙，米酒1大匙，水4大匙，白胡椒粉1/4小匙，五香粉1/2小匙，甘草粉1/4小匙

做法 · recipe

1. 将猪肉排洗净用肉槌拍松断筋后，加入所有调味料拌匀，腌渍30分钟。
2. 将腌好的猪肉排加入淀粉拌匀成稠状备用。
3. 热一油锅，待油温烧热至约180℃，放入猪肉排，以中火炸约5分钟至表皮成金黄酥脆时，捞出沥干油即可。

美味小秘诀

将猪肉排裹湿粉去炸的关键，在于淀粉的浓稠度要调整的恰到好处，让猪肉排可以薄薄裹上一层湿粉口感最佳。

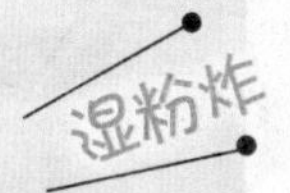

52 厚切五香猪排

材料 • ingredient

猪大排……………1片
蒜泥………………15克
淀粉（树薯淀粉）
……………………30克

调味料 • seasoning

酱油………………1大匙
五香粉……… 1/4小匙
米酒………………1小匙
水…………………1大匙
蛋清………………30克

做法 • recipe

1. 猪大排洗净，用肉槌拍松，和蒜泥一起加入所有调味料拌匀，腌渍30分钟备用。
2. 将腌好的猪大排加入淀粉拌匀成稠状备用。
3. 热锅，倒入约400毫升的油，待油温烧热至约180℃，放入猪大排，以小火炸约5分钟至表皮成金黄酥脆时捞出沥干即可。

美味小秘诀

肉越厚所需要腌渍的时间越久，但看个人口味而定，简单的调味更能凸显肉质鲜美。

53 炸卤猪排

材料 • ingredient

猪肉排2片（约160克），蒜泥15克，地瓜粉30克，红葱40克，姜30克，蒜仁40克，八角10克，花椒5克

调味料 • seasoning

A. 酱油1小匙，五香粉1/4小匙，米酒1小匙，水1大匙，蛋清15克
B. 酱油300毫升，细砂糖4大匙，水800毫升

做法 • recipe

1. 猪肉排洗净，用肉槌拍松后加入所有调味料A拌匀，腌渍30分钟。
2. 将腌好的猪肉排加入地瓜粉拌匀呈稠状备用。
3. 热油锅，待油温烧热至约180℃，放入猪肉排，以中火炸约5分钟至表皮呈金黄酥脆时捞出沥油。
4. 另热锅加少许油，将红葱、姜及蒜仁拍破后以小火爆香，再加入所有调味料B及花椒、八角煮开，转小火续煮约10分钟。
5. 将猪排放入做法4锅中，以小火煮约3分钟后关火浸泡5分钟，再捞出沥干卤汁即可。

54 椒盐里脊

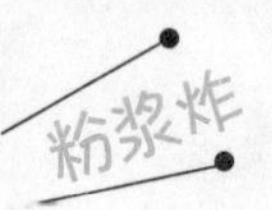

材料 · ingredient

猪里脊…………120克
葱花………………10克
蒜末…………………5克
红辣椒末…………5克
胡椒盐………… 适量

腌料 · pickle

葱段…………………1根
姜末………………10克
盐…………… 1/4小匙
细砂糖…………1小匙
米酒……………2大匙

炸粉 · fried flour

面粉…………… 7大匙
淀粉（树薯淀粉）
……………………1大匙
泡打粉…………1小匙
色拉油…………1大匙
鸡蛋…………………1个
水……………70毫升

做法 · recipe

1. 猪里脊洗净，切小条状，加入所有腌料材料抓匀后腌约10分钟；所有炸粉材料拌匀成面糊，将腌好的猪里脊肉条放入面糊中均匀沾裹，备用。
2. 热一油锅，油温热至约150℃，将猪里脊条放入油锅中以中火炸至表面成金黄色至熟。
3. 热一炒锅，加入少许色拉油（材料外），放入葱花、蒜末、红辣椒末炒香，盛至炸好的猪里脊条上，再撒上胡椒盐即可。

55 超厚里脊猪排

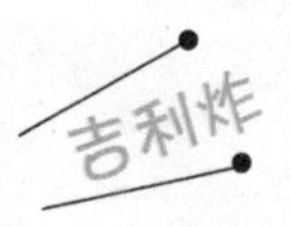

材料◦ingredient

A. 2厘米厚猪里脊肉片200克，盐少许，胡椒少许，圆白菜丝适量

B. 低筋面粉适量，蛋液50克，面包粉适量

调味料◦seasoning

猪排酱适量，现磨芝麻适量

做法◦recipe

1. 将猪里脊肉片洗净，用刀子在肉片四周划开、断筋（见图1），双面撒上盐、胡椒后，放置约10分钟备用。
2. 将猪里脊肉片依序沾上低筋面粉、蛋液、面包粉即为猪排的半成品（见图2）。
3. 取一油锅，放入适当的油量烧热至170℃（见图3），将猪排放入油锅中，以中小火油炸（见图4）。
4. 炸至猪排表面呈金黄色、拨动后能浮起即可夹起，直立放在网架上沥油（见图5）。
5. 猪排切片盛盘，放入圆白菜丝，搭配现磨芝麻及猪排酱即可。

1

2

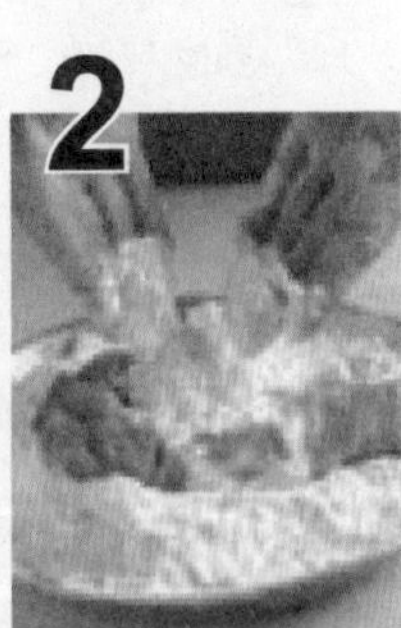

3

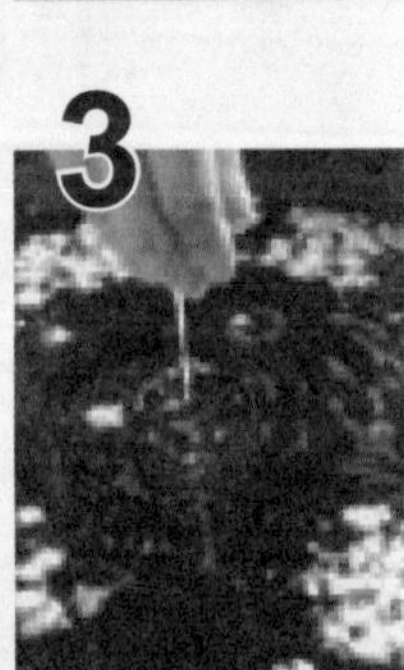

4

5

56 蓝带奶酪猪排

材料◦ingredient

A.1厘米厚猪里脊肉片（100克）2片，淀粉（树薯淀粉）少许，莫扎瑞拉奶酪40克，圆白菜丝适量，小黄瓜片适量
B.低筋面粉适量，蛋液50克，面包粉适量

调味料◦seasoning

盐少许，胡椒少许

◦recipe

1. 将2片猪里脊肉片洗净，单面撒上盐、胡椒，放置约10分钟后，撒上薄薄的淀粉备用。
2. 将莫扎瑞拉奶酪切成小块备用。
3. 将奶酪块放在其中一片里脊肉片中间，再把另一片猪里脊肉叠上，并用手压紧成猪排。
4. 再将猪排依序沾上低筋面粉、蛋液、面包粉放入油锅中，以中小火加热至170℃的油温，油炸至表面呈金黄色，拨动后能浮起，即可夹起沥油。
5. 将猪排盛盘，放入圆白菜丝、小黄瓜片即可。

57 日式炸猪排

吉利炸

材料。ingredient

猪里脊肉排……200克
盐……少许
胡椒……少许
圆白菜丝……适量
现磨芝麻……适量

调味料。seasoning

猪排酱……适量

炸粉。fried flour

低筋面粉……适量
鸡蛋（蛋液）……1个
面包粉……适量

做法。recipe

1. 将猪里脊肉排用刀子在肉片四周划开、断筋后，双面撒上盐、胡椒，放置约10分钟备用。
2. 将猪里脊肉排依序沾上低筋面粉、蛋液、面包粉。
3. 取一油锅，放入适当的油量烧热至170℃。
4. 将猪里脊肉排放入油锅，以中小火油炸。
5. 炸至猪里脊肉排表面呈金黄色、拨动能浮起，夹起沥油。
6. 将里脊肉排切片盛盘，放入圆白菜丝，搭配现磨芝麻及猪排酱即可。

58 吉利炸猪排

吉利炸

材料。ingredient

猪里脊排2片（约250克），圆白菜30克，蒜末15克，面粉30克，面包粉50克，鸡蛋2个，美乃滋30克

调味料。seasoning

盐1/8小匙，细砂糖1/4小匙，米酒1小匙，白胡椒粉1/6小匙，水1大匙

做法。recipe

1. 猪里脊排洗净，将白色的筋膜切断，再用叉子或肉叉在肉上均匀的插十数下，将肉的纤维组织插松。
2. 将调味料与蒜末全部拌匀后放入猪里脊排抓匀腌渍20分钟备用；圆白菜洗净后切细丝；鸡蛋打散成蛋液。
3. 将腌好的猪里脊排两面沾上面粉后，再沾上蛋液，最后沾上面包粉并稍用力压紧。
4. 热锅，加入约200毫升色拉油，大火烧热至约150℃后将猪里脊排下锅，以小火炸约3分钟至表面呈现金黄色后盛盘，再摆上圆白菜丝并挤上美乃滋即可。

59 脆皮豆腐 干粉炸

材料 ◦ ingredient

嫩豆腐 ················ 1块（约300克）
玉米淀粉 ········· 100克

调味料 ◦ seasoning

甜辣酱 ············· 1大匙

做法 ◦ recipe

1. 嫩豆腐洗净，切成约3厘米见方的小块，放在厨房纸巾上吸干水分。
2. 将嫩豆腐均匀沾裹玉米淀粉。
3. 热油锅，待油温烧热至约180℃，放入豆腐以大火炸约2分钟至表皮酥脆。
4. 食用时蘸甜辣酱享用即可。

60 炸薯条

材料 ◦ ingredient

土豆条…………150克
地瓜条…………100克

调味料 ◦ seasoning

盐……………… 1/4小匙
胡椒粉……… 1/4小匙

炸粉 ◦ fried flour

地瓜粉………1/2大匙
淀粉（树薯淀粉）
…………………1/2大匙

做法 ◦ recipe

1. 将所有炸粉料拌匀。
2. 将土豆条、地瓜条均匀裹上混合好的炸粉。
3. 热油锅，以中大火将油温烧热至约200℃，放入土豆条、地瓜条炸3～5分钟至熟，取出沥油即可。

美味小秘诀

切土豆条、地瓜条时大小要均匀，这样油炸时受热时间才会一样，不会有熟焦不一的情况。

61 可乐饼 吉利炸

材料 • ingredient

土豆1个，洋葱20克，培根40克

调味料 • seasoning

A.盐1/4小匙，细砂糖1小匙，黑胡椒粉1/6小匙
B.奶油1小匙

炸粉 • fried flour

面粉30克，面包粉150克，鸡蛋2个

做法 • recipe

1. 煮一锅开水，将土豆洗净，入锅中小火焖煮约40分钟后取出去皮，压成泥备用。
2. 洋葱洗净切碎；培根切细；鸡蛋打散成蛋液。
3. 热锅下奶油，小火炒香洋葱碎及培根后倒入盆中，与土豆泥及调味料A一起拌匀。
4. 将薯泥分成6份，搓成椭圆形后将两面沾上面粉后，再沾上蛋液，最后沾上面包粉并稍用力压紧。
5. 热锅，放入约400毫升色拉油，大火烧热至约150℃后，将做法4材料下锅以小火炸约2分钟至金黄即可。

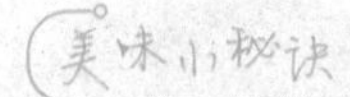

可乐饼最主要的材料是土豆泥，但是刚蒸好的土豆水分过多，不适合直接做成可乐饼，最好等待稍凉，水分稍微干些再压成泥，或是将土豆盖上保鲜膜放入电锅中蒸，比起用蒸锅水分会少一些。

62 黄金玉米可乐饼

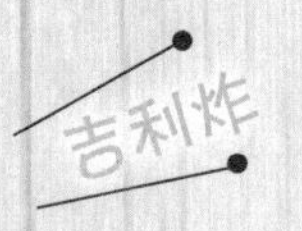

材料 • ingredient

牛肉泥……………50克
土豆……………300克
玉米粒……………50克

调味料 • seasoning

盐……………1/4小匙
胡椒粉………1/4小匙

炸粉 • fried flour

面粉……………2大匙
面包粉…………3大匙
蛋液……………50克

做法 • recipe

1. 土豆去皮洗净切成1厘米厚，放入沸水中煮熟，取出一半捣成泥状，另一半切成小丁状。
2. 在土豆中加入所有调味料、牛肉泥、玉米粒拌匀，捏成厚圆柱状可乐饼。
3. 将可乐饼依序沾裹蛋液、面粉、蛋液、面包粉。
4. 热油锅，以中大火将油温烧热至约200℃，放入可乐饼炸3～5分钟至熟，取出沥油即可。

63 洋葱圈

材料 · ingredient

洋葱圈100克

炸粉 · fried flour

面粉2大匙，面包粉1大匙，鸡蛋1个，泡打粉1/2小匙，水30毫升，橄榄油1大匙

做法 · recipe

1. 将洋葱去皮洗净，取中段切圈状备用。
2. 将所有炸粉材料（面包粉除外）拌匀成粉浆备用。
3. 将洋葱圈均匀裹上粉浆，再沾一层薄薄的面包粉。
4. 热油锅，以中大火将油温烧热至约200℃，放入做法3的洋葱圈炸2~3分钟至表面呈金黄色，取出沥油即可。

64 酥炸奶酪条

吉利炸

材料 ∘ ingredient

奶酪……………300克

炸粉 ∘ fried flour

面粉……………2大匙
面包粉…………3大匙
蛋液……………50克

做法 ∘ recipe

1. 将奶酪切条，依序沾裹蛋液、面粉、蛋液、面包粉。
2. 热油锅，以中大火将油温烧热至约220℃，放入做法1的奶酪条炸2~3分钟至表面呈金黄色，取出沥油即可。

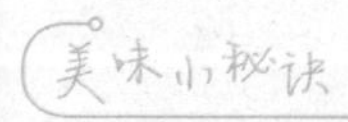

美味小秘诀

奶酪条在裹粉时一定要均匀裹住，以免奶酪在炸时受热溶化流出。

65 美式炸热狗

粉浆炸

材料 ∘ ingredient

热狗……………2个
竹签……………2根

炸粉 ∘ fried flour

低筋面粉………3大匙
鸡蛋……………1个
泡打粉…………1小匙
水………………30毫升
油………………1小匙

做法 ∘ recipe

1. 将所有炸粉材料拌匀备用。
2. 热狗以竹签串起，均匀裹上混合好的炸粉。
3. 热油锅，以中大火将油温烧热至约200℃，放入热狗炸5~7分钟至表面呈金黄色，取出沥油即可。

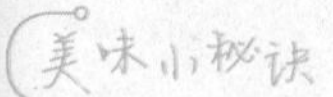

美味小秘诀

炸粉材料中加入少许泡打粉，可让炸热狗的时候粉浆膨胀，不但外表会好看，口感也会比较好。

66 炸鲜菇

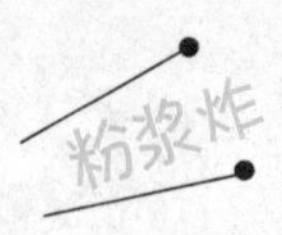

材料 • ingredient

A.杏鲍菇2根，鲜香菇8朵（约120克）
B.面粉1/2杯，玉米淀粉1/2杯，吉士粉1大匙，泡打粉1/4小匙，水140毫升

调味料 • seasoning

椒盐粉1小匙

做法 • recipe

1. 杏鲍菇洗净切小块；鲜香菇去蒂，洗净后沥干切小块备用。
2. 将所有材料B调成粉浆，备用。
3. 热油锅，待油温烧热至约160℃，将菇表面先沾上一层干面粉（配方外），再沾上粉浆，放入油锅以大火炸至表皮呈金黄酥脆，捞起沥油并撒上椒盐粉拌匀即可。

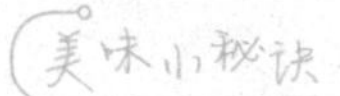

蔬菜表面湿滑，粉浆不易附着，沾粉浆前先沾上一些干面粉再沾粉浆，比较不会脱落。

粉浆炸

67 酥炸杏鲍菇

材料 • ingredient

杏鲍菇 ………… 300克

调味料 • seasoning

椒盐粉 ………… 1小匙

炸粉 • fried flour

面粉 ………… 1/2杯
玉米淀粉 ………… 1/2杯
吉士粉 ………… 1大匙
泡打粉 ………… 1/4小匙
水 ………… 140毫升

做法 • recipe

1. 杏鲍菇洗净后切小块备用。
2. 炸粉材料调成粉浆备用。
3. 热锅，放入约400毫升色拉油，烧热至约180℃时，将杏鲍菇沾上粉浆后，放入油锅以中火炸约3分钟至金黄色表皮酥脆，捞起后沥干油并撒上椒盐粉拌匀即可。

68 炸天妇罗

材料∘ingredient

鱼浆……………200克
猪背油……………50克
中筋面粉…………50克
糯米粉……………50克
腌黄瓜……………适量
（做法请参考P73）

调味料∘seasoning

胡椒粉…………1小匙
盐………………1/4小匙
细砂糖…………2大匙
米酒……………1/2小匙

做法∘recipe

1. 猪背油切小块放入冷冻库冰硬后取出，再用调理机打成泥。
2. 将所有调味料和做法1的材料加入鱼浆内一起搅拌均匀后，加入糯米粉、中筋面粉拌匀后放入冰箱冷冻30分钟后取出，即为混合鱼浆。
3. 热油锅使其油温约140℃后，取约每份60克的混合鱼浆放于手掌中，再压成圆片状后，逐一放入油锅中以小火油炸至呈现出金黄色泽取出，食用时放入腌黄瓜即可。

69 炸芋丸

材料 · ingredient

咸蛋黄…………10个
芋头…………300克
细砂糖…………100克
淀粉（树薯淀粉）
…………100克
水…………少许

做法 · recipe

1. 芋头去皮切片，放入电锅蒸熟，趁热压成泥备用。
2. 将细砂糖加入芋泥中搅拌均匀，再拌入淀粉揉匀，并酌量加水，拌到芋泥成弹软不易散开状。
3. 将揉好的芋泥平均分切成适当大小，搓圆后拍扁，包入咸蛋黄，用手沾少许水捏紧、搓圆，再沾裹淀粉。
4. 将炸油烧热至150℃，逐一放入芋丸，炸至酥脆后捞起沥干即可。

70 牛蒡甜不辣

直接炸

材料 · ingredient

鱼浆200克，猪背油75克，水60毫升，中筋面粉120克，淀粉（树薯淀粉）20克，牛蒡1/2根（约250克）

调味料 · seasoning

盐1/4小匙，细砂糖2大匙，米酒1/2小匙

做法 · recipe

1. 猪背油切小块放入冰箱冷冻冰硬后取出，再用调理机打成泥。
2. 将水、所有调味料和做法1材料加入鱼浆内一起搅拌均匀后，加入淀粉、中筋面粉拌匀放入冰箱冷冻30分钟后取出。
3. 牛蒡去皮切丝用水冲洗沥干后，加入做法2材料中混合均匀。
4. 热一油锅使其油温约140℃后，用手抓取适量做法3的材料，略微压平后放入油锅内以小火油炸至呈现出金黄色泽即可。

71 传统甜不辣

材料 ◦ ingredient

鱼浆200克，蒜末10克，红葱酥5克，水50毫升，面粉2大匙，甜辣酱4大匙

做法 ◦ recipe

1. 将所有材料充分拌匀备用。
2. 热一锅油，待油温烧热至约160℃，在手心抹上少许色拉油，取约40克鱼浆放至掌心，用另一只手轻压成圆饼状后依序放入油锅，以中火炸约15分钟至表皮成金黄酥脆时捞出沥干油装盘。
3. 放上适量腌黄瓜（做法见右文）及甜辣酱蘸食即可。

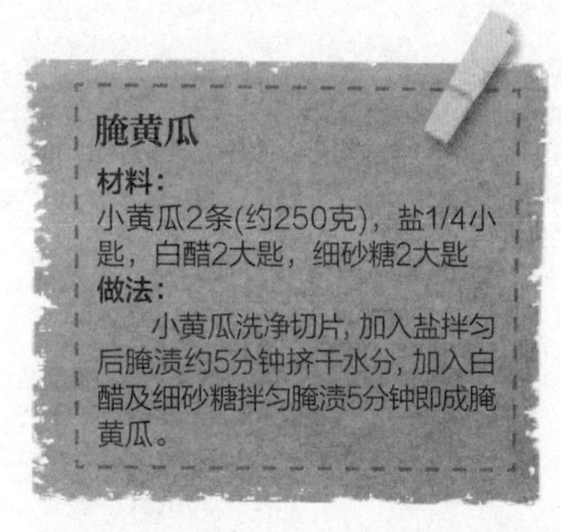

腌黄瓜

材料：

小黄瓜2条(约250克)，盐1/4小匙，白醋2大匙，细砂糖2大匙

做法：

小黄瓜洗净切片，加入盐拌匀后腌渍约5分钟挤干水分，加入白醋及细砂糖拌匀腌渍5分钟即成腌黄瓜。

72 地瓜球

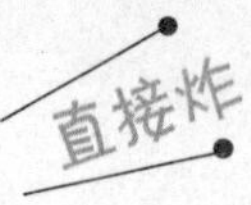

材料 • ingredient

地瓜200克，地瓜粉90克，淀粉（树薯淀粉）30克，热水30毫升

调味料 • seasoning

细砂糖30克

做法 • recipe

1. 地瓜洗净、去皮后切片，放入电锅中，于外锅加入1杯水，盖上锅盖按下开关，蒸熟后取出压成泥，加入细砂糖拌匀。
2. 将地瓜泥加入地瓜粉和淀粉拌匀，先揉成团后再揉长条，接着切成小块后搓成小圆形，即成地瓜球，备用。
3. 热一锅油，将油烧热至约160℃，将地瓜球放入油锅中，炸至地瓜球浮起，以捞勺压一压地瓜球，让地瓜球膨胀有弹性，再炸至上色即可。

美味小秘诀

使地瓜球好吃的秘诀就在于油炸的过程中一定要压一压，炸好的地瓜球才会松软有咬劲，吃起来更弹软。

73 拔丝地瓜

材料 • ingredient

地瓜	250克
玉米淀粉	少许
水	80毫升

调味料 • seasoning

细砂糖	60克
麦芽糖	60克
粗砂糖	20克

做法 • recipe

1. 地瓜洗净，去皮切块再冲水沥干，沾上玉米淀粉。
2. 将地瓜块放入160℃的油锅中，炸至表面上色，捞出沥油。
3. 取一锅，锅中加入水、细砂糖、粗砂糖、麦芽糖，以小火煮匀且呈现咖啡色。
4. 将地瓜块放入拌煮均匀，再盛出，放入冰水中稍微冰镇至表皮糖衣硬脆即可。

74 酥炸臭豆腐

直接炸

材料 ∘ ingredient

臭豆腐……………4块
泡菜……………150克

调味料 ∘ seasoning

辣椒酱…………1大匙

做法 ∘ recipe

1. 臭豆腐洗净沥干备用。
2. 热锅下约800毫升色拉油烧热至约160℃，将臭豆腐入油锅炸约5分钟至金黄色表皮酥脆，捞出沥干。
3. 再将油持续加热至约180℃，再将豆腐入锅，中火炸约2分钟至水分更干、更酥脆后，捞起沥干油装盘。
4. 用剪刀剪开臭豆腐，放上辣椒酱及泡菜食用即可。

美味小秘诀

要炸出又酥又脆的臭豆腐有诀窍，与盐酥鸡一样需要经过二次炸的手续，因为豆腐所含的水分更多，因此第一次炸好让水分散出，再放入油锅中二次炸，炸干散出的水分，这样炸好的臭豆腐就会非常酥脆，放凉了口感也不易变差。

75 炸猪血糕

直接炸

材料 ∘ ingredient

猪血糕…………100克

调味料 ∘ seasoning

胡椒盐…………1小匙

做法 ∘ recipe

1. 猪血糕切小块状备用。
2. 将猪血糕块放入175℃的热油中，以中火炸约2分钟后，捞出沥油，再趁热撒上胡椒盐即可。

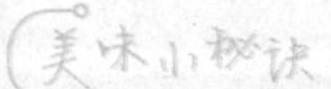

美味小秘诀

猪血糕适合先切成小块状再下锅油炸，这样可使表面带有酥脆的口感。但需特别注意下锅油炸时切成小块状的猪血糕容易粘在一起，所以不要一次油炸过多的分量，而且边下锅油炸边用夹子分开，将可避免互相沾粘之情况。

76 鸡卷 直接炸

材料 ◦ ingredient

A.鸡胸肉100克，荸荠6个，面糊适量，豆腐皮2张
B.鱼浆200克，蒜末5克，葱末10克，香菜末10克，地瓜粉适量

调味料 ◦ seasoning

细砂糖1/4小匙，鸡粉1/4小匙，白胡椒粉少许，米酒少许

腌料 ◦ pickle

酱油1/2小匙，细砂糖少许，米酒1小匙

做法 ◦ recipe

1. 鸡胸肉洗净切条状，加入所有腌料腌渍约15分钟。
2. 荸荠去皮洗净，拍扁剁碎，备用。
3. 取荸荠碎和所有材料B拌匀，加入所有调味料拌匀即为内馅。
4. 将2张豆腐皮剪成6小张铺平，放入内馅和鸡胸肉条后卷起，抹上少许面糊封口。
5. 热油锅至油温约150℃，放入鸡卷以小火炸至微黄再转大火，炸至金黄酥脆状后捞出沥干油脂即可。

77 五香鸡卷

直接炸

材料 ◦ ingredient

猪里脊肉200克，鱼浆400克，洋葱丁1/2 杯，胡萝卜丁4大匙，豆皮3张，猪油700毫升，腌黄瓜适量（做法请参考P73），番茄酱适量，淀粉（树薯淀粉）适量

调味料 ◦ seasoning

蚝油2大匙，细砂糖1大匙，米酒2匙，五香粉1小匙

做法 ◦ recipe

1. 猪里脊肉洗净沥干水分后，切成数条1立方厘米大小的长条状，并加入调味料腌约10分钟入味，再均匀沾裹上少量的淀粉备用。
2. 将鱼浆与洋葱丁、胡萝卜丁一起拌匀成馅料，再将豆皮摊平一切为二，包入馅料铺平后，中间放入一条做法1的里脊肉条并且卷成细长条状，收口使用馅料粘好。
3. 热锅，放入猪油以中火烧热至160℃左右，将鸡卷慢慢放入，炸至表面呈金黄，捞起沥干油分，待凉约1分钟后斜切即完成，食用时可佐以腌黄瓜及番茄酱。

78 炸春卷 直接炸

材料 ◦ ingredient

A.韭黄50克，猪肉丝100克，竹笋60克，红葱酥15克

B.润饼皮20张，面粉1大匙，水1大匙

调味料 ◦ seasoning

酱油3大匙，米酒1大匙，细砂糖2小匙，白胡椒粉1/4小匙，香油1大匙，淀粉（树薯淀粉）1大匙，水80毫升，五香粉1/2小匙

做法 ◦ recipe

1. 竹笋（或沙拉笋）洗净切细丝；韭黄洗净切段，备用。
2. 猪肉丝先放入滚沸的水中汆烫，捞起沥干水分。热锅倒入少许色拉油，放入猪肉丝拌炒至肉色表面反白、略熟。
3. 调味料中的淀粉和水调匀成水淀粉，备用。于做法1锅中加入笋丝和红葱酥，略为拌炒均匀，加入酱油、米酒、细砂糖、白胡椒粉以及少许水（分量外），一起翻炒均匀至汤汁滚沸，再倒入水淀粉勾芡，洒入香油起锅。
4. 取一大平盘，将炒好的馅料摊匀于平盘上，待馅料冷却后，将韭黄段和五香粉拌入馅料中搅拌均匀即为春卷内馅。
5. 材料B的面粉和水调匀成面糊；取一张润饼皮，摆上约2大匙的内馅后，左右折起两端饼皮，再由后向前卷起成圆筒状，最后以面糊抹在收口处粘合。
6. 热油锅至油温约160℃，放入春卷以中火炸至金黄色起锅沥干油脂即可。

79 炸蛋葱油饼

直接炸

材料 ◦ ingredient

- 中筋面粉……600克
- 盐……5克
- 细砂糖……30克
- 温水……380毫升
- 葱花……30克
- 鸡蛋……10个

调味料 ◦ seasoning

- 猪油……80毫升
- 盐……10克

做法 ◦ recipe

1. 将面粉、细砂糖及盐置于盆中。将温水倒入拌匀。
2. 揉匀后，静置放凉醒约20分钟。将面团分成10份，各擀成厚约0.2厘米的圆形，表面涂上猪油后再撒上盐及葱花，再卷成圆筒状后盘成圆形静置10分钟。
3. 将做法2醒过的饼压扁后擀开成圆型。平底锅加入约100毫升油，热至约140℃，放入葱油饼中火炸至金黄酥脆。
4. 另打入鸡蛋后将做法3的饼盖至鸡蛋上炸至金黄即可起锅，抹上辣椒酱或酱油膏即可。

80 炸馄饨

材料 ◦ ingredient

A.姜末8克，葱末12克，猪肉泥300克，水20毫升，馄饨皮适量
B.色拉油400毫升

调味料 ◦ seasoning

盐3.5克，鸡精粉3克，细砂糖3克，白胡椒粉1/2小匙，香油1大匙

做法 ◦ recipe

1. 猪肉泥加入盐后搅拌至有黏性后，加入鸡精粉、细砂糖一起拌匀，再加入水，一面加水一面搅拌至水分被肉吸收。
2. 再加入姜末、葱末、白胡椒粉及香油拌匀后即成馄饨肉馅。
3. 于每张馄饨皮的1/3处放入馄饨肉馅（约5克），面皮摺起一角，并包住馅料后，再将包覆住的馅料卷起，再于两边沾上些水轻压后，将两边的面皮的角交叉包起。
4. 热一锅，倒入400毫升色拉油烧热至120℃时，将馄饨放入油锅中，以中火油炸约2分钟呈金黄色，即可捞起并沥干油。

第一次做炸物就成功

PART 2

只要遵照食谱，简单几个步骤就能做出美味炸物；
其实不是每样炸物都需要沾裹粉类或粉浆，
也可以直接下锅油炸，但这时候油温与时间必须掌握好，
炸出来才不会又干又硬。
本章有简单的炸鸡块、炸鸡柳条，
或是大小朋友都爱的小薯丁、薯饼、带皮薯块、炸鲜香菇等。

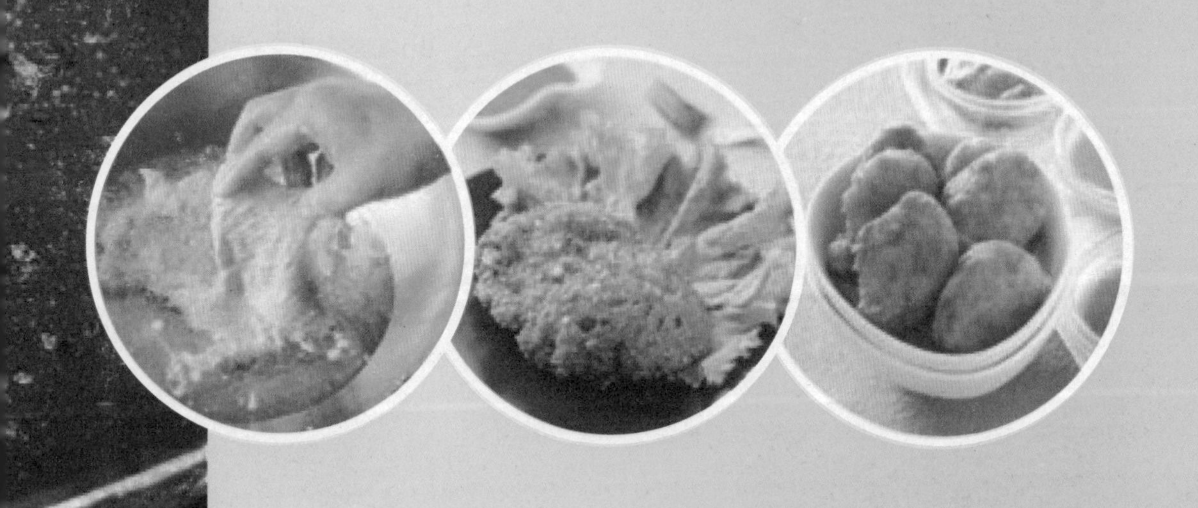

美味炸物

油品Q&A解惑

Q1 如何延长油品保存期限？

A 新的油未开封前尽可能存放在阴凉之处。开封后，则避免置放在瓦斯炉、烤箱等容易产生高温的地方，以及避免阳光直射到的场所。如果开封后尽可能在1~2个月内使用完毕，若是买回大瓶装的油品，最好将短时间会使用的分量分装在小油壶内，然后将大瓶的油盖紧盖子存放在有门的橱柜里，就能延长油的保存期限。同时为避免氧化，即使是分装的油壶也必须有盖子，以减少油与空气接触的机会。

Q2 炸过的油还可以重复利用吗？

A 油炸食物时，常常需使用大量的油来高温油炸，如此才能炸出香脆成品，但反复使用同一锅油，不断经高温会变质产生异味，很不健康！因此油只要炸过2次，建议最好不要再使用了。如果嫌浪费，可将使用过的炸油拿来炒菜，但须尽快用完，若要隔夜，这些炸过的油必需先过滤去除残渣，装置在不透光的容器，存放在阴暗低温处，或放入冰箱冷藏。

Q3 炸油什么程度下不能再使用？

A 油经过炸两次油炸后，经过持续的高温，颜色上会变成较深的黄褐色，就成了所谓的老油，一般使用于增添食物的金黄色外表，却对人体很不健康，油经过加热后就逐渐恶化，最好不再拿来高温油炸，新旧油不可混和，混和了旧油的新油比较容易氧化。若是油炸过的油出现粘稠状，或是颜色变深、加热时起泡剧烈、气味不佳就完全不可再使用。误食劣质油会产生恶心、肠胃不适的现象。

Q4 让炸油重新变清澈的妙招

A 当炸油在锅中有很多杂质、色泽很深时，可关火让油静置片刻使杂质沉淀，再重新加热，调一碗水淀粉倒入锅中油炸，淀粉就会吸取杂质，让油变清澈。这是以淀粉比重较重的科学原理来完成的。

Q5 废弃的油要倒在哪里呢？

A 当炸油颜色变成较深的黄褐色时，就是炸过太多次变成“老油”了，老油不健康无法再利用炒菜，这时废弃的油千万不能直接倒入厨房的水槽内，以免造成环境污染。如果废油量少时可用纸巾吸取油分，再丢弃到可燃垃圾中；量多时可在牛奶纸盒中塞入报纸，再将油倒入纸盒中，然后与可燃垃圾一起丢弃就可以了。

粉类的选购与保存

面对超市中琳琅满目的料理粉要如何才能够轻松采购到新鲜又完好的料理粉包呢？我们购买回来的粉类材料，常常因为分量太多拆包后没有办法一次使用完毕，所以必须注意其保存方式，避免因不当储存，造成品质变差或产生受潮、长虫、发霉等现象。下面我们将介绍几种较佳的保存方式，提供给您参考。

选购第1招

注意保存期限

一般粉类皆以常温保存，其保存期限约2年，需注意避免买到不新鲜的产品，影响制作出来的产品品质。

选购第2招

注意其包装是否完整

将包装拿起轻轻对着空气摇晃或挤压，如果看见有细粉飘出就表示包装已经破坏不完整了，容易滋生细菌，不但不卫生，对于制作出来的产品，也会有所影响。

选购第3招

注意是否受潮、长虫

储存不当的粉类，会产生受潮、长虫甚至发霉的现象，必须注意避免买到这样的产品。

爱护第1招

将已经拆封的粉类，整包放置于密封罐或是保鲜盒中，并放置于阴凉处储存，避免接触空气及阳光直射，可以延长保存时间，同时确保不易变质。

爱护第2招

家中如果有空的茶叶盒或罐子，因为茶叶罐本身不透光，相当适合保存剩下的料理粉，既方便又环保。当然如果家中有封口机，可以将袋口封住；或是使用橡皮筋、密封夹，将袋口封住。

爱护第3招

颜色较深的粉，最好以不透明的袋子包装，同时记得放置于冷冻库中，可以延长保存时间。

81 炸里脊肉片

材料 ◦ ingredient

猪里脊肉200克，地瓜粉100克

腌料 ◦ pickle

鸡粉2克，五香粉2克，蒜末15克，嫩肉粉1克，胡椒粉2克，淀粉（树薯淀粉）15克，盐1克，细砂糖3克，酱油5毫升，米酒3毫升，蛋液15克

做法 ◦ recipe

1. 猪里脊肉洗净，以逆纹切成4片后，分别以刀背拍松备用。
2. 所有腌料调匀，放入猪里脊肉片拌匀，腌约30分钟至入味备用。
3. 将地瓜粉平均散铺在深盘里，将腌好的猪里脊肉片均匀沾上地瓜粉后，用手掌轻压，使地瓜粉与猪里脊肉粘紧，重复步骤至材料用毕后静置约3分钟备用。
4. 热锅，加入400毫升色拉油烧热至约150℃时，放入猪里脊肉片以中火炸约2分钟，捞起沥干油脂即可。

82 炸热狗

材料 ◦ ingredient

热狗……………………4条
竹签……………………4根
香草面糊……………2杯
（做法请参考P10）

调味料 ◦ seasoning

番茄酱…………2大匙

做法 ◦ recipe

1. 将热狗用竹签串起。
2. 热一锅油，待油温烧热至约150℃，将热狗沾均匀的裹上香草面糊后放入锅中炸，以中火炸约3分钟至表皮呈现金黄色时捞出沥干油。
3. 将炸好的热狗挤上番茄酱即可食用。

83 美式小鸡块

材料 • ingredient

鸡胸肉200克

炸粉 • fried flour

低筋面粉1大匙，蛋黄2个，泡打粉1小匙，水30毫升，牛奶20毫升，盐1/4小匙，细砂糖1/4小匙，油1大匙

做法 • recipe

1. 将鸡胸肉洗净，剁碎成鸡胸肉末，捏成小扁块状（约成8个），成鸡块备用。
2. 将所有的炸粉材料拌匀，备用。
3. 将鸡块均匀地沾裹上混合好的炸粉。
4. 热一锅油，以中大火将油温烧热至约200℃放入鸡块，炸3~5分钟至表面呈金黄色，取出沥油即可。

美味小秘诀

在粉浆中加入蛋黄除了能增添风味外，也能让外皮口感更酥脆。

84 酥炸鸡柳条

材料 • ingredient

鸡胸肉…………150克

腌料 • pickle

盐……………1/4小匙
匈牙利红椒粉1/4小匙

炸粉 • fried flour

自制脆浆粉（做法请参考P11）……3大匙
鸡蛋…………………3个

做法 • recipe

1. 鸡胸肉洗净，切成细条状，加入腌料，盖上保鲜膜静置腌约15分钟，备用。
2. 将鸡蛋和脆浆粉拌匀成粉浆备用。
3. 将腌好的鸡胸肉均匀地沾裹上混匀的粉浆。
4. 热油锅，以中大火将油温烧热至约180℃，放入鸡胸肉条，炸3~5分钟至表面呈金黄色，取出沥油即可。

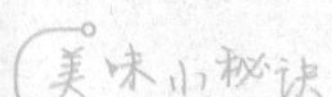

腌肉时加入少许匈牙利红椒粉，可以为鸡柳条的香气与颜色加分。

85 椒盐鸡米花

材料 · ingredient

鸡胸肉 ………… 200克
脆酥粉浆………… 适量
（做法请参考P11）

调味料 · seasoning

胡椒粉 ………1/2小匙
盐 ……………… 1/4小匙

做法 · recipe

1. 鸡胸肉洗净，切成小丁，加入所有调味料拌匀。
2. 将鸡胸肉丁均匀裹上脆酥粉浆。
3. 热油锅，以中大火将油温烧热至约200℃，将鸡胸肉丁放入油锅炸3~5分钟至表面呈金黄色，取出沥油即可。

86 麦克炸鸡块

材料。ingredient

麦克鸡块…………6块

蘸酱。

薄荷酱…………1大匙
西红柿莎莎酱…1大匙
蜂蜜黄芥末酱…1大匙

做法。recipe

1. 热锅，放入适量的油，将油温烧热至约180℃，放入麦克鸡块，以中火炸至表面呈金黄酥脆状，再捞起沥干油脂。
2. 食用时搭配薄荷酱、西红柿莎莎酱、蜂蜜黄芥末酱即可。

薄荷酱

材料：
薄荷叶少许，薄荷果冻（市售）1大匙，细砂糖1/4小匙

做法：
1.薄荷叶切碎，备用。
2.将薄荷果冻、细砂糖与薄荷叶碎混合搅拌均匀即可。

西红柿莎莎酱

材料：
番茄酱2大匙，蒜末1小匙，欧芹碎少许，洋葱末5克，糖1/4小匙，新鲜西红柿丁20克，柠檬汁5毫升

做法：
将所有材料拌匀即可。

蜂蜜黄芥末酱

材料：
蜂蜜2大匙，黄芥末1大匙

做法：
将所有材料拌匀即可。

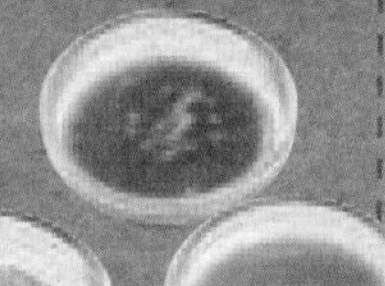

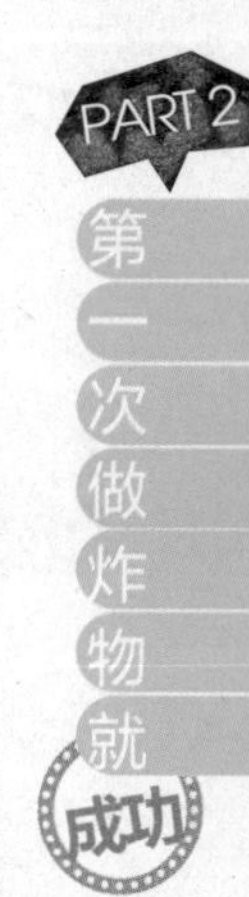

87 西红柿莎莎炸鸡

材料 ◦ ingredient

棒棒腿……………2只

调味料 ◦ seasoning

A. 蒜粉…………1/4小匙
西红柿莎莎酱…1大匙
（做法请参考P87）

B. 自制脆浆粉（做法请参考P11）2大匙

做法 ◦ recipe

1. 将棒棒腿均匀沾裹上已混合调味料A备用。
2. 再将做法1的棒棒腿沾上脆浆粉备用。
3. 热锅，倒入适量的油，油温热至150℃时，将做法2的棒棒腿放入油锅中，以中火炸至表面金黄熟透即可。

88 柠檬鸡柳条

材料 ◦ ingredient

鸡柳条80克

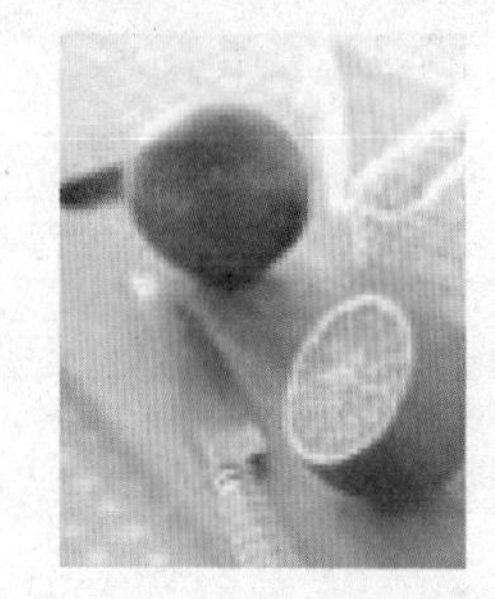

调味料 ◦ seasoning

A. 细砂糖1/4小匙，柠檬汁10毫升，蛋液10毫升，牛奶20毫升，柠檬胡椒粉1/4小匙

B. 玉米淀粉2大匙，柠檬皮末少许

做法 ◦ recipe

1. 调味料A混合拌匀后，加入鸡柳条腌约10分钟备用。
2. 将调味料B加入鸡柳条中拌匀。
3. 热锅，倒入适量的油，油温热至150℃时，将鸡柳条放入油锅中，以中火炸至表面金黄且熟透即可。

89 培根玉米炸鸡块

材料 ◦ ingredient

鸡翅小腿2只，玉米粒10克，培根2片

调味料 ◦ seasoning

A. 盐1/4小匙，蒜粉1/4小匙

B. 蛋液40毫升，自制脆浆粉（做法请参考P11）2大匙

做法 ◦ recipe

1. 鸡翅小腿去骨备用。
2. 将调味料A加入玉米粒拌匀成内馅备用。
3. 将内馅填入鸡翅小腿里。
4. 再以培根将鸡翅小腿卷起来备用。
5. 将调味料B拌匀成粉浆，将鸡翅小腿卷沾上粉浆备用。
6. 热锅，倒入适量的油，油温热至150℃时，将鸡翅小腿卷放入油锅中，以中火炸至表面呈金黄色、熟透即可。

90 奶油玉米脆皮鸡块

材料 ◦ ingredient

鸡胸肉…………80克
玉米粒…………20克

调味料 ◦ seasoning

A. 细砂糖……1/4小匙
牛奶………20毫升

B. 奶酪粉……2大匙
自制脆浆粉（做法请参考P11）
………………2大匙

做法 ◦ recipe

1. 鸡胸肉去皮剁成细末，加入玉米粒与调味料A拌匀，挤捏成1口大小的块状备用。
2. 调味料B混合拌匀成炸粉备用。
3. 将鸡块均匀沾上炸粉备用。
4. 热锅，倒入适量的油，油温热至180℃时，将鸡块放入油锅中，以中火炸至表面金黄熟透即可。

91 蒜香炸鸡块

材料 ◦ ingredient

鸡腿肉300克，吐司面糊2杯（做法请参考P11）

调味料 ◦ seasoning

蒜香粉1/2小匙，洋葱粉1/2小匙，黑胡椒粉1/4小匙，盐1/4小匙，米酒1大匙，细砂糖1小匙

做法 ◦ recipe

1. 先将鸡腿肉剁小块洗净沥干；再将鸡腿肉块加入所有调味料拌匀，腌渍30分钟备用。
2. 热一锅油，待油温烧热至约150℃，将腌渍好的鸡腿块沾上吐司面糊后放入油锅中炸，以中火炸约10分钟至表皮金黄酥脆时，捞出沥干油即可。

92 香香鸡块

材料 ◦ ingredient

鸡腿肉 ………… 300克
芝麻面糊…………2杯
（做法请参考P10）

调味料 ◦ seasoning

A.蒜香粉 ……1/2小匙
五香粉 …… 1/4小匙
盐 ………… 1/4小匙
米酒…………1大匙
细砂糖 ………1小匙
B.椒盐粉 ………1小匙

做法 ◦ recipe

1. 鸡腿肉先剁小块；将鸡肉与调味料A一起放入碗中腌渍30分钟后，加入芝麻面糊拌匀。
2. 热一锅油，待油温烧热至约180℃，放入鸡腿块以中火炸约4分钟至表皮呈金黄酥脆后捞出沥干油。
3. 食用时可蘸适量椒盐粉。

93 炸鱼条

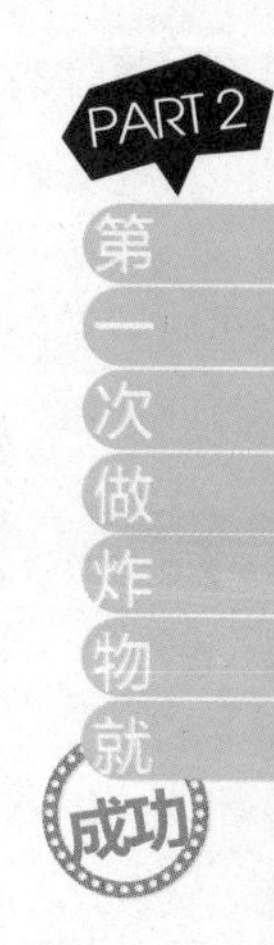

材料 ◦ ingredient

鱼肉…………… 200克
脆酥粉浆…………1杯
（做法请参考P11）

调味料 ◦ seasoning

A.盐 ………… 1/8小匙
鸡精粉 …… 1/4小匙
白胡椒粉 ·· 1/4小匙
B.椒盐粉 ………1小匙

做法 ◦ recipe

1. 鱼肉洗净沥干，切成约小指一般大小的鱼条，加入调味料A拌匀备用。
2. 热一锅油，将油烧热至油温约160℃，将鱼条一条一条沾上脆酥粉浆，放入油锅炸至表面呈金黄色，再捞起沥干油装盘。
3. 食用时蘸取适量椒盐粉或甜鸡酱即可。

94 炸鳕鱼条

材料。ingredient

鳕鱼……………………1片
自制脆浆粉（做法请参考P11）……4大匙
面包粉…………5大匙

调味料。seasoning

胡椒盐…………… 适量
米酒………………1大匙

做法。recipe

1. 鳕鱼洗净，沥干水分。切成长条状，加入米酒、胡椒盐腌约5分钟备用。
2. 取一个盆，将脆浆粉以适量水调成面糊。
3. 将鳕鱼条分别均匀沾裹面糊，再沾上面包粉。
4. 炸油烧至180℃，慢慢放入鳕鱼条，炸至表面呈金黄酥脆，捞起沥油即可。

95 酸甜鳕鱼排

材料。ingredient

鳕鱼…………… 400克
葱花……………………5克

调味料。seasoning

盐 ……………… 1/6小匙
白胡椒粉…… 1/6小匙
淀粉（树薯淀粉）………………………3大匙
泰式甜鸡酱 ….. 3大匙
水 ………………… 2大匙

做法。recipe

1. 鳕鱼洗净、沥干水分，抹上盐及白胡椒粉静置约3分钟。
2. 热一油锅，油温约150℃，将鳕鱼裹上干淀粉后，放入油锅炸约3分钟至表面酥脆，即可起锅、沥干油盛盘。
3. 取一小锅，将泰式甜鸡酱、水加热煮滚后，淋至鳕鱼上，撒上葱花即可。

96 炸银鱼

材料 ◦ ingredient

银鱼…………… 200克
自制脆浆粉 ···· 100克
（做法请参考P11）

调味料 ◦ seasoning

A.盐 ………… 1/4小匙
　鸡粉……… 1/4小匙
　白胡椒粉 ·· 1/4小匙
B.椒盐粉 ………1小匙

做法 ◦ recipe

1. 银鱼洗净沥干，加入调味料A拌匀，备用。
2. 脆浆粉以250毫升水（材料外）调匀，备用。
3. 热一锅油，油温约150℃，将银鱼一条一条均匀沾裹上做法2材料，再放入油锅炸至金黄色，捞起沥干油装盘，食用时蘸椒盐粉即可。

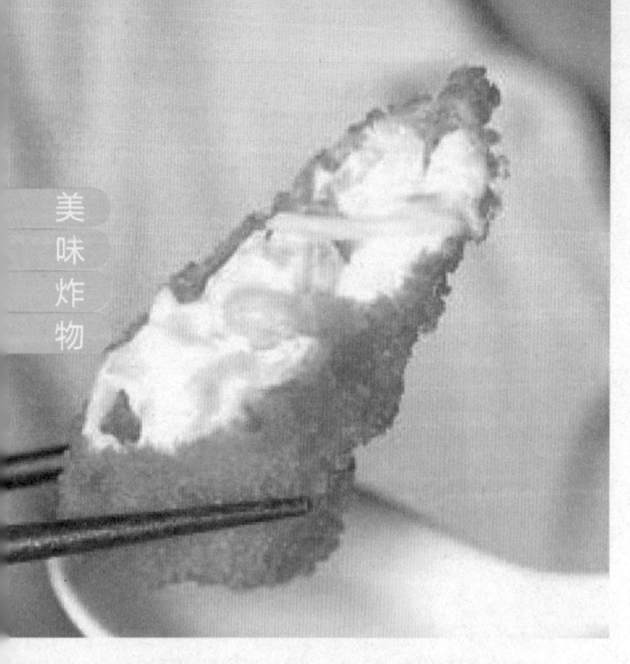

97 沙拉虾卷

材料◦ingredient

虾仁100克，菠萝片罐头200克，面包粉100克，糯米纸20张，鸡蛋液100克，沙拉酱100克

做法◦recipe

1. 虾仁洗净去肠泥，汆烫后沥干水分；菠萝罐头水倒掉，取出切成小丁，备用。
2. 取糯米纸放上虾仁2~3尾，再放上适量的菠萝丁、挤上沙拉酱，卷起包成长条型，接口处沾少许蛋液封口，于外缘均匀沾上剩余的蛋液，最后沾裹一层面包粉备用。
3. 热油锅，油温烧热至约150℃时，放入虾卷，油炸约2分钟，至表皮呈现金黄色时，捞起沥干油即可。

98 黄金虾球

材料◦ingredient

虾仁……………300克
咸蛋黄……………2个
地瓜粉…………适量
蛋液……………1/3个

调味料◦seasoning

A.盐……………少许
米酒…………1小匙
B.米酒…………1大匙

做法◦recipe

1. 虾仁洗净在背上划一刀，加入调味料A与蛋液拌匀腌约5分钟。
2. 将虾仁均匀沾裹上地瓜粉后，放入热油锅中炸至表面金黄，捞出沥油备用。
3. 咸蛋黄切小片，放入锅中以少许油炒散且起泡，再放入做法2的虾球炒匀，加入米酒拌匀即可。

99 香炸虾条

材料◦ingredient

草虾6尾，蛋黄1个，低筋面粉200克，面包粉60克

做法◦recipe

1. 草虾洗净，去头留尾去肠泥，腹部用刀割4~5刀使白筋断裂，并用手将虾体压至平直，备用。
2. 蛋黄打散，加入适量水搅匀后加入低筋面粉拌匀即成面糊。
3. 将草虾先沾干低筋面粉（材料外），再沾面糊，最后再均匀裹上面包粉。
4. 炸油烧至180℃，慢慢放入虾条炸至表面呈金黄酥脆，捞起沥油即可。

100 炸墨鱼丸

材料 • ingredient

墨鱼丸……………15个
竹签…………………5支

调味料 • seasoning

椒盐粉……………1小匙
柚子粉……………1小匙
海苔粉……………1小匙

做法 • recipe

1. 将墨鱼丸每3个用竹签串成1串。
2. 热油锅，倒入约600毫升油烧热至约160℃。
3. 将墨鱼丸下锅中火炸约2分钟至表面略金黄后，捞出沥干。
4. 将墨鱼丸装盘，撒上椒盐粉或可依喜好撒上柚子粉或海苔粉即可。

美味小秘诀

因为墨鱼丸是熟的食材，除非是经过冷冻，一般来说只需要炸至温热，表面略成金黄就可以，否则炸太久口感会太老。

101 酥炸鱿鱼须

材料 • ingredient

鱿鱼头（含须）500克，蒜泥50克

调味料 • seasoning

盐1大匙，细砂糖1小匙

炸粉 • fried flour

淀粉（树薯淀粉）200克

做法 • recipe

1. 鱿鱼头洗净后沥干切成小条，加入蒜泥、盐及细砂糖拌匀冷藏腌渍2小时备用。
2. 于腌渍好的鱿鱼头中加入淀粉拌匀成浓稠状备用。
3. 热一油锅，待油温烧热至约180℃，将少量鱿鱼头放入，分多次以大火炸约5分钟至表皮成金黄酥脆时捞出沥干油即可。

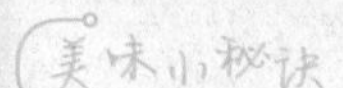

因鱿鱼头含水量比较高，若一次全部放入锅中油炸，会使油温下降太快，容易造成表面的面糊脱浆，而不容易炸得酥脆。

102 奶酪酥炸墨鱼圈

材料 · ingredient

墨鱼圈200克

腌料 · pickle

意大利什锦香料1/4小匙，白酒1/2小匙，盐1/4小匙

炸粉 · fried flour

自制脆浆粉（做法请参考P11）3大匙，蛋液1个，水30毫升，橄榄油1大匙

做法 · recipe

1. 墨鱼圈加入所有腌料腌约3分钟备用。
2. 将炸粉材料拌匀备用。
3. 将腌渍好的墨鱼圈均匀裹上混匀的炸粉。
4. 热油锅，以中大火将油温烧热至约200℃，放入墨鱼圈炸2~3分钟至表面呈金黄色，取出沥油即可。

103 蔬菜天妇罗

材料 • ingredient

青甜椒30克，红甜椒30克，黄甜椒50克，茄子100克，四季豆80克，地瓜片30克

调味料 • seasoning

鲣鱼酱油1大匙，味醂1小匙，高汤1大匙，萝卜泥1大匙

炸粉 • fried flour

低筋面粉1/2杯，玉米淀粉1/2杯，水160毫升，蛋黄1个

做法 • recipe

1. 蔬菜洗净后切片。炸粉调成粉浆；调味料调匀成蘸汁，备用。
2. 热锅下约400毫升色拉油，大火烧热至约180℃后将蔬菜沾上面糊后，下锅以中火炸约30秒至金黄色表皮酥脆，捞起后沥干油即可装盘搭配蘸汁食用。

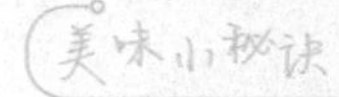

日本的蔬菜天妇罗几乎蔬菜什么都能炸，不过水分多、容易出水的蔬菜不适合，因为炸过之后放凉会渗出水分，让面衣受潮变软，吃起来口感就会变差了。

104 炸蔬菜

材料 • ingredient

A.青甜椒50克，红甜椒80克，茄子120克，茴香80克
B.低筋面粉1/2杯，玉米淀粉1/2杯，水160毫升

调味料 • seasoning

鲣鱼酱油1大匙，味醂1小匙，高汤1大匙，萝卜泥1大匙

做法 • recipe

1. 青甜椒、红甜椒、茄子、茴香洗净沥干后切花备用。
2. 将材料B中的低筋面粉、玉米淀粉、水调成粉浆备用。
3. 将所有调味料调匀成蘸汁备用。
4. 热一锅，放入适量的油，待油温烧热至约180℃后，再将做法1的材料沾上粉浆后放进锅中，以中火炸约10秒至表皮呈金黄酥脆状，捞起后沥干油分，即可装盘佐以蘸汁食用。

105 炸牛蒡丝

材料 · ingredient

牛蒡……………………1条

调味料 · seasoning

水…………1000毫升
盐……………………1大匙
糖粉……………3大匙

做法 · recipe

1. 盐及水混合成盐水备用。
2. 牛蒡用刨去外皮后，洗净再切成细丝。
3. 将牛蒡丝泡入盐水中以防氧化变色，并让牛蒡有少许咸味，泡约1分钟即可取出沥干。
4. 热锅下约600毫升油烧热至约160℃，将牛蒡丝下锅中火炸约2分钟至表面略金黄后，捞出沥干。
5. 将牛蒡丝装盘，再用细筛子将糖粉筛至牛蒡丝上即可。

106 炸菜饼

材料 · ingredient

圆白菜丝…………80克
韭菜……………………20克
胡萝卜丝…………30克
白面糊…………1/2杯
（做法请参考P10）
椒盐粉…………… 适量

美味小秘诀

只要将蔬菜切成丝，就能随意搭配食材，如换成芋头丝、地瓜丝也是不错的选择。

做法 · recipe

1. 韭菜洗净切小段；将韭菜段、圆白菜丝与胡萝卜丝混合，加入白面糊拌匀。
2. 热一锅油，加热油温至约160℃，将做法1的蔬菜，用手抓一撮放入油锅炸至金黄色，捞起沥干油装盘，食用时蘸椒盐粉即可。

107 炸南瓜

材料 · ingredient

A.南瓜………… 200克
B.地瓜粉…………1杯
水………… 120毫升

调味料 · seasoning

细砂糖………… 2大匙

做法 · recipe

1. 南瓜去皮及籽后，洗净切成厚约0.5厘米的片状备用。
2. 将材料B的地瓜粉和水调成粉浆。
3. 热一锅，放入适量的油，待油温烧热至约160℃，将南瓜片逐片沾上粉浆后放入油锅中，以中火将表皮炸至呈金黄色状，捞起沥干油分，食用时沾细砂糖即可。

108 炸芋头丝饼

材料 · ingredient

A.芋头 ………… 200克
B.淀粉（树薯淀粉）
……………………1/2杯
水…………80毫升

调味料 · seasoning

细砂糖…………1大匙

做法 · recipe

1. 芋头削皮后洗净切丝备用。
2. 材料B的淀粉与水调成粉浆后，再与芋头丝拌匀备用。
3. 热一锅，放入适量的油，待油温烧热至约160℃，再将芋头丝放在手上，稍拨平为每片直径约4厘米的片状，放入油锅中，以中火炸至表面呈酥脆状，捞起沥干油分，撒上细砂糖即可食用。

美味炸物

109 综合炸蔬菜

材料。ingredient

四季豆…………120克
甜玉米……………1条
鲜香菇……………3朵

调味料。seasoning

胡椒盐…………… 适量

做法。recipe

1. 四季豆洗净，去除头尾与老筋，切成段状；甜玉米洗净，分切成小段状；鲜香菇洗净，于表面划出十字花刀后备用。
2. 将做法1所有材料放入180℃热油中，四季豆以中火炸约30秒，鲜香菇以中火炸约1分钟，甜玉米以中火炸约2分钟后，再分别捞出沥油，并趁热撒上胡椒盐即可。

美味小秘诀

黄色玉米的味道较甜，水分含量较高，较适合油炸，白色玉米质地较硬，淀粉质含量较高，油炸后口感会太硬较不好吃，较适合用烤的。

110 椒盐炸丝瓜

材料。ingredient

丝瓜…………………1条

腌料。pickle

盐…………………… 少许
白胡椒粉………… 少许
面粉……………… 少许

调味料。seasoning

A. 自制脆浆粉 … 3大匙
（做法请参考P11）
鸡蛋………………1个
盐……………… 少许
白胡椒粉……… 少许
香油……………1小匙
水……………… 适量
B. 胡椒盐………… 少许

做法。recipe

1.将丝瓜洗净、去皮，切成8等份的条状，去除中间的瓜囊，加入腌料略腌渍备用。
2.混合调味料A，使用打蛋器搅拌均匀，成为酥炸粉浆备用。
3.将丝瓜条依序沾裹酥炸粉浆，放入190℃油锅，炸至丝瓜条成酥状，捞出沥油，撒上胡椒盐即可。

111 酥炸茄片

材料 · ingredient

A.茄子…………120克
B.色拉油………1大匙
低筋面粉…… 7大匙
淀粉（树薯淀粉）
…………………1大匙
鸡蛋液…………1个
水…………60毫升

做法 · recipe

1. 茄子洗净切斜片状；材料B调匀成面糊，将茄子片均匀沾裹上面糊，备用。
2. 热锅，倒入适量色拉油，待油温热至约150℃，放入茄片，开中大火炸至表面呈金黄色即可。

美味小秘诀

若油温太低就放茄子，茄肉易吸油且炸粉皮会掉落。像茄子等蔬菜类水分多容易吸油，裹粉能减少这个困扰，但是油温太低炸粉易脱落，油脂就会被蔬菜吸收，所以将油温控制在150℃时下锅最好。

112 香炸黄花菜

材料 ◦ ingredient

新鲜黄花菜80克，低筋面粉100克，鸡蛋1个，色拉油少许，水100毫升

调味料 ◦ seasoning

盐少许，胡椒盐少许

做法 ◦ recipe

1. 新鲜黄花菜洗净，去蒂去芯，并将花瓣尾端用手指略微剥开，备用。
2. 低筋面粉过筛，加入水与鸡蛋搅拌成糊状，最后再加入少许盐及色拉油拌匀。
3. 黄花菜裹上做法2的面糊，放入热油锅中炸熟捞出。
4. 待油锅温度继续上升，将炸好的黄花菜二度入锅，炸至表面呈金黄色捞出，并放于餐巾纸上略微吸油，即可装盘，食用前可撒上少许胡椒盐。

美味小秘诀

面糊加入少许色拉油或橄榄油拌匀，可让酥炸的食材更为香润脆口。

113 炸韭菜卷

材料 ◦ ingredient

韭菜卷……适量
甜辣酱……适量

炸粉 ◦ fried flour

中筋面粉……150克
粘米粉……50克
黄豆粉……100克
盐……少许
鸡蛋……1个
水……450毫升
色拉油……20毫升

做法 ◦ recipe

1. 将所有炸粉材料混合均匀备用。
2. 将韭菜卷均匀沾裹炸粉，放入油锅中油炸至金黄色，捞起沥干。
3. 食用时切段，再搭配甜辣酱即可。

韭菜卷

材料：
生韭菜适量
材料：
1.将韭菜折下1/3。
2.再缠成韭菜卷。
3.再将尾端塞进韭菜卷里即可。

114 酥炸嫩芹花

材料 ◦ ingredient

西芹花…………100克

炸粉 ◦ fried flour

盐……………… 1/4小匙
鸡蛋………………… 1个
面粉…………… 3大匙

做法 ◦ recipe

1. 将炸粉所有材料拌匀，放入西芹花，均匀沾裹粉浆。
2. 将西芹花放入加热至170℃的油锅中，以小火炸酥即可。

115 油炸甜玉米

材料 ◦ ingredient

金黄甜玉米……… 3支
大豆色拉油………2杯
奶油………………… 1杯

调味料 ◦ seasoning

盐………………… 少许
黑胡椒粉………… 少许

做法 ◦ recipe

1. 甜玉米剥去外叶后，洗净擦干水分且切成大小一致的块状备用。
2. 热锅，放入大豆色拉油、奶油以中火烧热至约170℃，将甜玉米放入，炸至2~3分钟即捞起沥干油分，最后撒上少许盐与黑胡椒粉即可。

116 蜂巢玉米

材料 ◦ ingredient

罐头玉米粒100克，淀粉浆1.5杯（做法请参考P11），粗砂糖2大匙

做法 ◦ recipe

1. 取一锅，倒入约500毫升色拉油（油不可超过锅1/3的深度，否则炸时油会溢出），加热油温至约180℃。
2. 将1杯淀粉浆与玉米粒混合备用。
3. 将另半杯淀粉浆均匀淋入油锅，持续以中火炸至粉浆浮起，再将玉米粒粉浆分次均匀淋至浮起的粉浆上。
4. 待炸约1分钟至酥脆后捞出盛盘，撒上粗砂糖即可。

117 炸地瓜饼

材料 · ingredient

地瓜……………400克
淀粉（树薯淀粉）
……………………50克

调味料 · seasoning

椒盐粉…………1小匙

做法 · recipe

1. 地瓜去皮洗净后切成厚约1厘米的地瓜片，泡水10分钟后沥干备用。
2. 将地瓜片撒上淀粉备用。
3. 热油锅，待油温烧热至约160℃，放入地瓜片，以大火炸约4分钟至表面呈金黄酥脆，捞起沥油即可。

美味小秘诀

地瓜切片后表面物质容易氧化变黑，油炸时颜色也会比较深，切后泡过水较不易变色。

118 梅粉薯条

材料 · ingredient

地瓜……………400克
玉米淀粉………1大匙

调味料 · seasoning

梅子粉…………适量

做法 · recipe

1. 地瓜洗净，去皮后切成条状，放入水中拌洗，马上捞出沥干，再加入玉米淀粉拌匀。
2. 热一锅油，将地瓜条放入油锅中炸熟，至表面酥脆后捞出，沥干油，再均匀地撒上梅子粉拌匀即可。

119 炸地瓜片

材料 · ingredient

地瓜……………300克
面粉……………150克
鸡蛋……………1个
水……………160毫升
油……………5毫升

调味料 · seasoning

盐…………………少许

做法 · recipe

1. 地瓜洗净、去皮后切大片。
2. 将面粉加水、鸡蛋与盐，搅拌均匀，再加入油拌匀，静置约15分钟，即为面糊，备用。
3. 将地瓜片均匀地沾上面糊，放入约160℃的热油中，炸至表面酥脆且熟后，捞起沥油即可。
4. 食用时蘸适量番茄酱或甜辣酱（材料外）食用。

美味小秘诀

将面糊静置一阵子，可以让面糊较均匀，炸过后的面衣口感会较好，地瓜不需要事先蒸熟或煮熟，裹上面衣直接油炸即可。

120 薄饼薯片

材料 · ingredient

黄肉地瓜……300克

调味料 · seasoning

糖粉……………适量

做法 · recipe

1. 地瓜洗净，去皮后切成薄片，冲水去除表面淀粉质后沥干。
2. 将地瓜薄片放入热油锅中，以小火将地瓜薄片炸至浮起，再续炸至地瓜片呈现酥脆状，捞出沥干油。
3. 将炸好的地瓜薄片盛盘，均匀地撒上糖粉即可。

121 脆皮地瓜

材料 ◦ ingredient

去皮地瓜……300克
自制脆浆粉………1碗
（做法请参考P11）
水…………………1.5碗
色拉油…………1大匙

调味料 ◦ seasoning

胡椒盐……………适量

做法 ◦ recipe

1. 地瓜切成2厘米厚片，泡水略洗沥干备用。
2. 脆浆粉分次加入水拌匀，再加入色拉油搅匀。
3. 将地瓜片沾裹脆浆，放入约120℃的油锅中，以小火炸3分钟，再转大火炸30秒捞出沥油盛盘。
4. 食用时再搭配胡椒盐即可。

122 油炸地瓜条

材料 ◦ ingredient

中型地瓜…………1个
大豆色拉油………2杯
花生油……………1杯

调味料 ◦ seasoning

细砂糖…………150克
盐…………………少许

做法 ◦ recipe

1. 地瓜洗净擦干削皮后，切成大小一致的粗条备用。
2. 热锅，放入大豆色拉油及花生油烧热至170℃，将地瓜条轻轻放入炸约4分钟捞起沥干油分。
3. 装盘后立即撒上细砂糖及少许的盐调味即可。

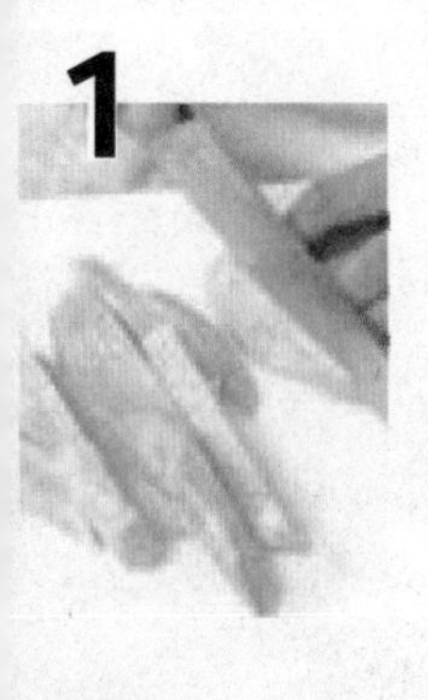

123 家常炸地瓜

材料 ◦ ingredient

红心地瓜········ 300克
地瓜粉·············· 适量

调味料 ◦ seasoning

细砂糖············ 5大匙
胡椒盐············1小匙

做法 ◦ recipe

1. 地瓜洗净后去皮、切成条状（见图1），放入容器中，加入细砂糖拌匀，静置10分钟使糖充分溶化。
2. 将地瓜条均匀沾裹上地瓜粉，再洒上少许水，再次均匀沾裹上一层地瓜粉（见图2）。
3. 将地瓜条放入175℃热油中，以中火炸约2分钟后（见图3），改转小火再续炸约7分钟（见图4）。
4. 待地瓜条浮起后以大火炸约1分钟后，捞出沥油（见图5），再趁热撒上胡椒盐即可。

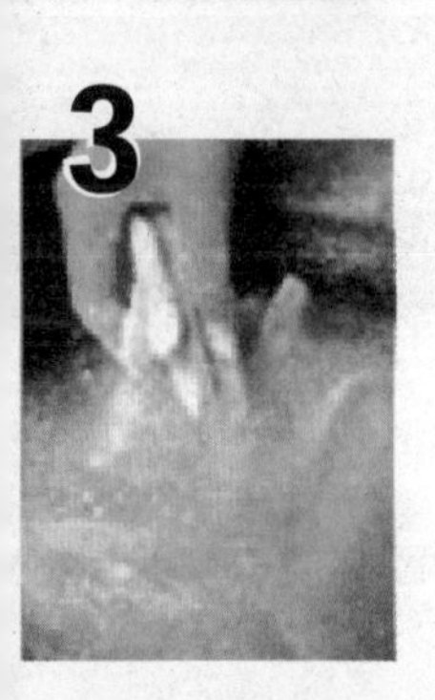

124 炸脆薯片

材料 · ingredient

土豆……………………1个
炸油…………………… 适量

做法 · recipe

1. 土豆洗净蒸熟，待冷却后切成薄片。
2. 放入160℃的炸油中，以小火慢炸，待薯片周围油泡变细小后捞起，沥干油分即可。

美味小秘诀

土豆要去皮、切片或切块时，最好是在边削皮时边泡水，可以防止土豆氧化变色，避免外观出现铁灰色，同时在切块时，也可以将切好的薯条、薯片、薯块，浸泡一下冷水，去除掉多余的表面淀粉质，炸起来的口感也会比较脆。

125 土豆薯条

材料 · ingredient

大土豆………………1个
玉米淀粉………1大匙
蘸酱……………… 适量
（做法请参考P292~295）

做法 · recipe

1. 土豆洗净、去皮后，用刀切成厚约1厘米的长条。
2. 将切好的土豆条用水略洗后，沥干水分。土豆条放入盆中，加入玉米淀粉拌匀，让土豆条表面沾上薄薄的一层玉米淀粉。
3. 热油锅至约160℃，将土豆条下锅炸约分钟，至表面略变硬定型即捞起。
4. 再将油锅加热至约160℃后，再次将薯条下锅，以中火炸约3分钟至表面金黄酥脆起锅、沥干油分，食用时可依喜好搭配蘸酱食用。

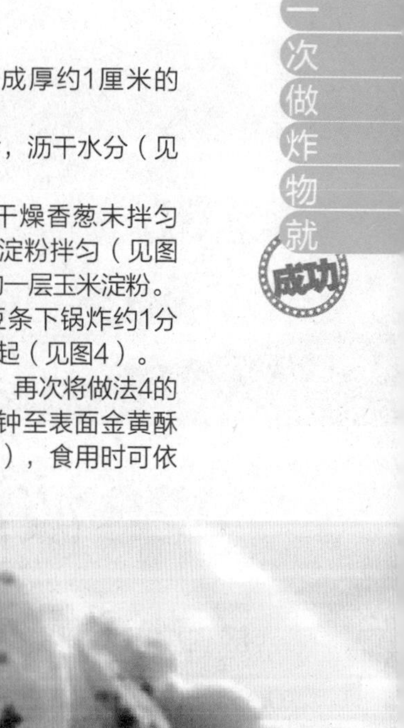

126 香葱薯条

材料 · ingredient

大土豆……………1个
干燥香葱末……1小匙
玉米淀粉………1大匙
蘸酱……………… 适量
（做法请参考P292~295）

做法 · recipe

1. 土豆洗净去皮后，用刀切成厚约1厘米的长条。
2. 将切好的土豆条用水略洗后，沥干水分（见图1）。
3. 土豆条放入盆中，先加入干燥香葱末拌匀后（见图2），再加入玉米淀粉拌匀（见图3），让土豆表面沾上薄薄的一层玉米淀粉。
4. 热油锅至约160℃，将土豆条下锅炸约1分钟，至表面略变硬定型即捞起（见图4）。
5. 再将油锅加热至约180℃后，再次将做法4的薯条下锅，以中火炸约1分钟至表面金黄酥脆起锅、沥干油分（见图5），食用时可依喜好搭配蘸酱即可。

1

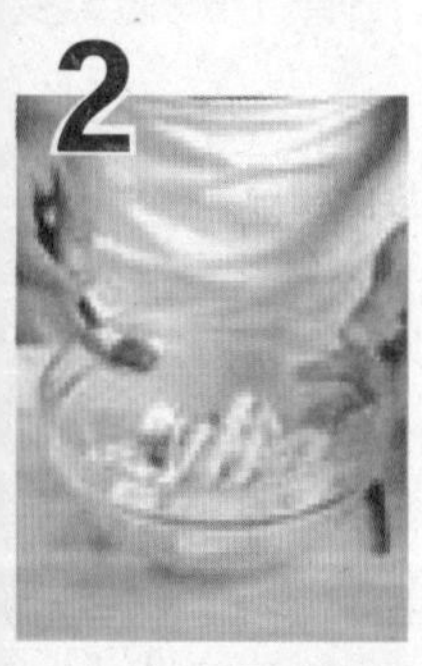
2

3

4

5

127 原味薄薯片

材料。ingredient

土豆（小）1个，玉米淀粉1大匙，蘸酱适量（做法请参考P292~295）

做法。recipe

1. 土豆洗净后，用刀切成厚约0.2厘米的薄片。
2. 将切好的土豆片用水略洗后，沥干水分。
3. 土豆片放入盆中，加入玉米淀粉拌匀，让土豆条表面沾上薄薄的一层玉米淀粉。
4. 热油锅至约160℃，将土豆片下锅炸约1分钟，至表面略变硬定型即捞起。
5. 再将油锅加热至约180℃后，再次将做法4的薯片下锅，以中火炸约1分钟至表面金黄酥脆起锅、沥干油分，食用时可依喜好搭配蘸酱食用。

128 波浪厚薯片

材料。ingredient

土豆（小）1个，玉米淀粉1大匙，蘸酱适量（做法请参考P292~295）

做法。recipe

1. 土豆洗净后，用波浪刀切成厚约0.5厘米的厚片。
2. 将切好的土豆片用水略洗后，沥干水分。
3. 土豆片放入盆中，加入玉米淀粉拌匀，让土豆条表面沾上薄薄的一层玉米淀粉。
4. 热油锅至约160℃，将土豆片下锅炸约1分钟，至表面略变硬定型即捞起。
5. 再将油锅加热至约180℃后，再次将薯片下锅，以中火炸约1分钟至表面金黄酥脆起锅、沥干油分，食用时可依喜好搭配蘸酱食用。

129 黑胡椒薯片

材料。ingredient

土豆（小）1个， 黑胡椒粉1小匙，玉米淀粉1大匙，蘸酱适量（做法请参考P292~295）

做法。recipe

1. 土豆洗净后，用波浪刀切成厚约0.5厘米的厚片。
2. 将切好的土豆片用水略洗后，沥干水分。
3. 土豆片放入盆中，先加入黑胡椒粉拌匀后，再加入玉米淀粉拌匀，让土豆表面沾上薄薄的一层玉米淀粉即可。
4. 热油锅至约160℃，将土豆片下锅炸约1分钟，至表面略变硬定型即捞起。
5. 再将油锅加热至约180℃后，再次将薯片下锅，以中火炸约1分钟至表面金黄酥脆起锅、沥干油分，食用时可依喜好搭配蘸酱食用。

130 小方薯丁

材料。ingredient

土豆（小）1个，玉米淀粉1大匙，蘸酱适量（做法请参考P292-295）

做法。recipe

1. 土豆洗净去皮，用波浪刀切成长、宽约2厘米的小方丁。
2. 将切好的土豆丁用水略洗后，沥干水分。
3. 土豆丁放入盆中，加入玉米淀粉拌匀，让土豆丁表面沾上薄薄的一层玉米淀粉。
4. 热油锅至约160℃，将土豆丁下锅炸约1分钟，至表面略变硬定型即捞起。
5. 再将油锅加热至约180℃后，再次将薯丁下锅，以中火炸约1分钟至表面金黄酥脆起锅、沥干油分，食用时可依喜好搭配蘸酱食用。

131 辣味薯丁

材料。ingredient

土豆（大）1个，辣椒粉1小匙，玉米淀粉1大匙

做法。recipe

1. 土豆洗净去皮后，用波浪刀切成长、宽约2厘米的小方丁。
2. 将切好的土豆丁用水略洗后，沥干水分。
3. 土豆丁放入盆中，先加入辣椒粉拌匀后，再加入玉米淀粉拌匀，让土豆表面沾上薄薄的一层玉米淀粉即可。
4. 热油锅至约160℃，将土豆丁下锅炸约1分钟，至表面略变硬定型即捞起。
5. 再将油锅加热至约180℃后，再次将薯丁下锅，以中火炸约1分钟至表面金黄酥脆起锅、沥干油分即可。

132 薯饼

材料。ingredient

土豆…………300克

炸粉。fried flour

蛋黄粉………1/2小匙

调味料。seasoning

盐……………1/4小匙

胡椒…………1/4小匙

做法。recipe

1. 土豆去皮切成1厘米厚，放入沸水中煮熟，取出1/2捣成泥状，另1/2切成小丁状。
2. 做法1材料加入调味料及蛋黄粉拌匀，捏成厚约1厘米的片状。
3. 热油锅，以中大火将油温烧热至约200℃，放入薯饼炸3~5分钟至熟，取出沥油即可。

133 炸鲜香菇

材料。ingredient

鲜香菇……………8朵
（约120克）

调味料。seasoning

椒盐粉…………1小匙

炸粉。fried flour

面粉……………1/2杯
玉米淀粉………1/2杯
吉士粉…………1大匙
泡打粉……… 1/4小匙
水…………… 140毫升

做法。recipe

1. 鲜香菇去蒂后洗净沥干，如太大朵可切小块，备用。
2. 炸粉调成粉浆，备用。
3. 热锅，放入约400毫升色拉油烧热至约180℃，将香菇沾上粉浆，再放入油锅以中火炸约3分钟至金黄色表皮酥脆，捞起后沥干油并撒上椒盐粉拌匀即可。

134 金黄香菇炸

材料。ingredient

鲜香菇…………10朵
欧芹叶…………10克
低筋面粉……… 适量

炸粉。fried flour

蛋黄………………1个
冰水………… 100毫升
低筋面粉…… 60毫升
玉米淀粉………20克

做法。recipe

1. 把低筋面粉及玉米淀粉过筛后放入碗中，加入60毫升冰水拌匀。
2. 在做法1材料中加入蛋黄拌匀后，加入剩下的40毫升冰水调匀成粉浆。
3. 热一油锅，加入约400毫升色拉油，以中火烧热至约180℃，试滴2滴粉浆下锅，如见粉浆立刻浮出油面，即表示油温足够，可以放入炸物。
4. 香菇去梗后，在表面刻花纹，与欧芹叶洗净、沥干后皆均匀沾上少许低筋面粉（分量外），再分别沾裹做法2的粉浆。
5. 把做法4沾好的香菇与欧芹叶下油锅，持续中火，炸约30秒至金黄酥脆即可。

135 炸杏鲍菇条

材料 · ingredient

杏鲍菇…………120克

腌料 · pickle

盐………………1/2小匙
胡椒粉……… 1/4小匙
地瓜粉………… 3大匙
低筋面粉………1大匙
蛋液………………50克

调味料 · seasoning

胡椒粉………….. 适量

做法 · recipe

1. 杏鲍菇洗净切条状，放入所有腌料抓匀，静置腌约5分钟，备用。
2. 热锅，倒入适量色拉油，待油温热至约150℃，放入杏鲍菇条，开中火炸至表面呈金黄色后捞起沥干。
3. 最后撒上适量的胡椒粉即可。

美味小秘诀

通常我们炸杏鲍菇都不会先腌过，因此味道就没那么好吃，但餐厅其实都会将杏鲍菇先腌渍入味后，才沾裹上炸粉入锅油炸，而下锅时机是中高油温时，以大火油炸，并且用锅铲拨动，才不易相互沾粘。

做炸物不仅是裹粉重要，裹的粉浆厚薄也很重要。太厚会影响口感，太薄又吃起来不脆，裹的适中才最刚好。

136 炸香菇

材料 ◦ ingredient

鲜香菇200克，自制脆浆粉1碗（做法请参考P11），水1.5碗，色拉油1大匙

调味料 ◦ seasoning

胡椒盐适量

做法 ◦ recipe

1. 鲜香菇切去蒂，略洗沥干备用。
2. 脆浆粉分次加入水拌匀，再加入色拉油搅匀。
3. 将香菇表面沾裹适量脆浆，放入约120℃的热油中，以小火炸3分钟，改转大火炸30秒后捞出沥油。
4. 食用时再撒上胡椒盐即可。

137 炸草菇

材料 ◦ ingredient

草菇……………20个
鸡心……………10个
竹签……………10支
蒜苗……………2根
红辣椒…………2根

腌料 ◦ pickle

酱油膏…………1小匙
盐………………少许
黑胡椒…………少许
细香油…………1小匙
细砂糖…………1小匙
淀粉（树薯淀粉）
……………………1大匙

做法 ◦ recipe

1. 将草菇洗净；鸡心洗净，放入滚水中氽烫，去除脏污血水；蒜苗与红辣椒皆切小段，备用。
2. 做法1的草菇、鸡心和红辣椒用竹签串起，再放入混匀好的腌料中腌渍约15分钟。
3. 将做法2腌渍好的材料与蒜苗放入约190℃的油锅中，炸至表面上色且熟即可。

美味小秘诀

草菇本身气味重，事先氽烫过可以稍微去除掉草菇的味道。除了蒜苗，也可以搭配葱、蒜这类辛香料一起食用，风味更好。

138 酥炸珊瑚菇

材料 ◦ ingredient

珊瑚菇…………200克
芹菜嫩叶………10克
低筋面粉………40克
玉米淀粉………20克
冰水……………75毫升
蛋黄……………1个

调味料 ◦ seasoning

七味粉…………适量
胡椒盐…………适量

做法 ◦ recipe

1. 低筋面粉与玉米淀粉拌匀，加入冰水后以搅拌器迅速拌匀，再加入蛋黄拌匀即成面糊备用。
2. 热锅，倒入约400毫升的色拉油，以大火烧热至约180℃，将珊瑚菇及芹菜嫩叶分别沾上做法1的面糊，入油锅炸约10秒至金黄色表皮酥脆，捞起后沥干油装盘。
3. 将所有调味料混合成七味胡椒盐，搭配做法2材料食用即可。

139 酥炸金针菇

材料 ◦ ingredient

金针菇……………1把
四季豆……………10根
胡萝卜……………少许

炸粉 ◦ fried flour

自制脆浆粉……100克
（做法请参考P11）
水…………………适量

调味料 ◦ seasoning

盐…………………少许
白胡椒……………少许

做法 ◦ recipe

1. 将金针菇洗净，再将蒂头切除；四季豆去头尾；胡萝卜切小条，备用。
2. 炸粉材料搅拌均匀成粉浆，再静置约10分钟，备用。
3. 最后将金针菇、四季豆和胡萝卜条均匀地沾裹上粉浆，再放入约180℃油锅中，炸至金黄酥脆状，再捞起沥油即可。

金针菇较细，酥炸后有特殊口感，但一定要裹粉，不然一下锅很容易就将水分炸干，吃起来口感不好。

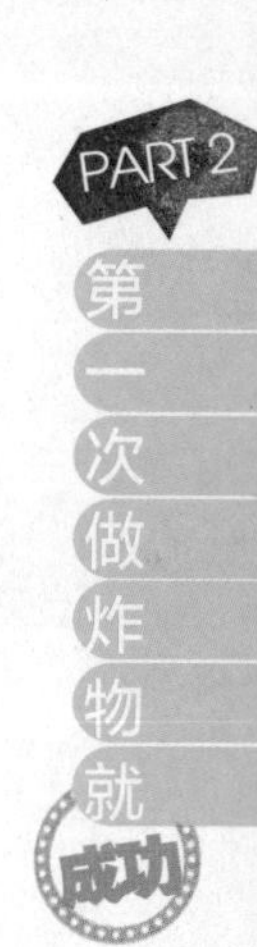

140 炸豆腐

材料 · ingredient
老豆腐……………1块(约200克)
葱花………………适量

炸粉 · fried flour
淀粉(树薯淀粉)
……………………100克

调味料 · seasoning
甜辣酱…………1大匙

做法 · recipe
1. 老豆腐切成约3厘米见方的小块，将切好的老豆腐块放在厨房纸巾上吸干水分。
2. 再将老豆腐块均匀的沾上淀粉备用。
3. 热锅下约400毫升色拉油，大火烧热至约180℃后将老豆腐块下锅炸约2分钟至表皮酥脆。食用时蘸甜辣酱及撒上葱花即可。

美味小秘诀

高温下豆腐才不会粘锅，刚放入时会起大油泡，所以锅中的油量不要超过七分满，刚下锅时也不要翻动，炸出的外观会较好看。

141 日式炸豆腐

材料 · ingredient
鸡蛋豆腐2块，低筋面粉适量，蛋液适量，柴鱼片适量

调味料 · seasoning
日式酱油适量

做法 · recipe
1. 鸡蛋豆腐切四方块状，依序沾裹上低筋面粉、蛋液、柴鱼片，备用。
2. 热锅，倒入适量的色拉油，待油温热至约130℃，放入做法1沾裹好的豆腐，以中小火油炸，待豆腐块炸至呈金黄色，食用时沾取日式酱油即可。

美味小秘诀

日式炸豆腐也算一种吉利炸，只是将外表的面包粉换成柴鱼片，不过由于豆腐、柴鱼片都是可以直接吃的食物，因此只要将柴鱼表面炸到酥脆就可以起锅，无须再炸太久，以免柴鱼片变焦产生苦味影响口感。

142 香脆蛋豆腐

材料 · ingredient

鸡蛋豆腐…………2盒

调味料 · seasoning

玉米淀粉………100克
鸡蛋…………………2个
面包粉…………100克

做法 · recipe

1. 鸡蛋豆腐每块分别切成12小块；鸡蛋打成蛋液，把鸡蛋豆腐先均匀的沾裹上玉米淀粉。
2. 接着把鸡蛋豆腐裹上蛋液。
3. 最后把鸡蛋豆腐均匀的沾裹上面包粉（做法1~3过程要一次完成）。
4. 做法3材料全部沾裹好，热一油锅，加入约400毫升色拉油，烧热至约160℃，丢入少许面包粉下锅，如果面包粉不会沉下且立刻起泡，即表示油温足够，可放入炸物下锅炸。
5. 把处理好的鸡蛋豆腐依序放入油锅中以中火油炸。
6. 待炸约90秒至表皮成金黄色捞起即可。

143 酥炸百叶豆腐

材料 · ingredient

百叶豆腐……… 400克

调味料 · seasoning

甜辣酱………… 4大匙

做法 · recipe

1. 百叶豆腐切成厚约2厘米的片状。
2. 热油锅，下约600毫升色拉油烧热至约180℃。
3. 将百叶豆腐片放入油锅中，以中火炸约4分钟至金黄色表皮酥脆。
4. 捞起后沥干油，食用时蘸甜辣酱。

美味小秘诀

豆腐类的食材在经过油炸后具有膨胀与表面酥脆的特性，所以应该先切块再入锅油炸，比较不会变形。炸的时候需高温才能快速把表皮炸至酥脆，并保有食材内的水分不流失，炸好的豆腐才能外酥内嫩。

144 炸芙蓉豆腐

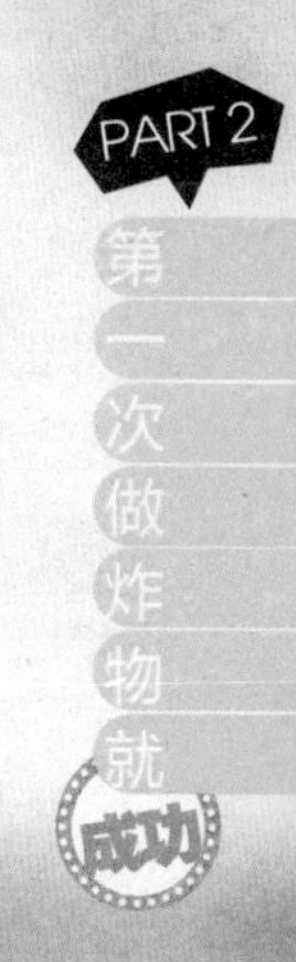

材料。ingredient　　调味料。seasoning

芙蓉豆腐…………2盒
玉米淀粉………100克
鸡蛋…………………2个
面包粉…………100克
白萝卜…………100克

柴鱼酱油……20毫升
细砂糖……………5克

美味小秘诀

豆腐采用吉利炸的炸法，可以让外观保持完好、美观，还能让豆腐炸起来外表酥脆又可保持水分不外流。

做法。recipe

1. 芙蓉豆腐每块分别切匀成4等份；鸡蛋打散成蛋液；白萝卜磨成泥备用。
2. 将所有调味料拌匀，放上白萝卜泥成蘸酱。
3. 将豆腐块依序裹上玉米淀粉、蛋液，最后均匀沾上一层面包粉，重复步骤至材料用毕备用。
4. 热锅，加入400毫升色拉油烧热至约120℃时，轻轻放入豆腐炸至表皮呈金黄色时，捞起沥干油脂，搭配做法2的蘸酱食用即可。

145 炸芋球

材料 · ingredient

芋头……………………1个
牛肉泥…………100克
洋葱………………适量

调味料 · seasoning

盐…………………少许
低筋面粉…………适量
（看芋泥的吸水性）

做法 · recipe

1. 芋头去皮、切片，放入蒸笼中以大火蒸至熟软，取出捣成泥；洋葱切末，备用。
2. 将牛肉泥、洋葱末、盐加入芋泥中再加入低筋面粉搅拌均匀。
3. 把拌好的芋泥捏成芋泥球状，表面沾裹低筋面粉，备用。
4. 取一油锅，油温加热至180℃，放入芋球炸至表面呈金黄色捞起、沥油即可。

146 炸甜不辣

材料 · ingredient

甜不辣片……250克

调味料 · seasoning

胡椒盐…………1小匙

做法 · recipe

1. 甜不辣片洗净切条备用。
2. 将甜不辣条放入180℃的油锅中火炸约3分钟，见甜不辣外观膨胀酥脆时捞起沥油，再趁热撒上胡椒盐即可。

美味小秘诀

炸甜不辣时容易产生油爆，因此在炸时最好能盖上锅盖比较安全，快炸好时甜不辣就会慢慢膨胀，表面也变得酥脆，此时就要赶紧捞起，如继续油炸，甜不辣会快速膨胀产生大量喷油的危险。

147 炸蛋

材料。ingredient

鸡蛋……………………2个

腌料。pickle

酱油………………… 少许
白胡椒粉………… 少许

调味料。seasoning

美乃滋 …………1大匙
酱油膏…………… 少许
红辣油 …………1小匙

做法。recipe

1. 鸡蛋洗干净，放入冷水中煮至滚沸后，改转小火煮约6分钟，取出去壳，放入混合拌匀的腌料中备用。
2. 取锅热190℃的油锅，将鸡蛋直接放入炸至外观呈金黄色泽，捞起沥油，将鸡蛋尖端斜切下一点盛盘备用。
3. 全部调味料混合拌匀后，淋至炸蛋上即可。

148 奶酪炸蛋

材料。ingredient

鸡蛋……………………2个
奶酪丝 …………1大匙
海苔……………………4片

调味料。seasoning

七味粉 ………… 少许

做法。recipe

1. 鸡蛋洗干净放入冷水中煮至滚沸后，改转小火煮约6分钟，取出去壳。
2. 将鸡蛋对切开，将蛋黄取出后，改填入奶酪丝，再将鸡蛋合起来，并用海苔裹在蛋外成十字状固定切口。
3. 取锅热190℃的油锅，将鸡蛋直接放入炸至外观呈金黄色泽，捞起沥油后，以斜切的方式，将蛋剖开，放入盘中，撒上七味粉装饰即可。

149 酥脆年糕

材料 ◦ ingredient

年糕……………250克

调味料 ◦ seasoning

吐司面糊……………1杯
（做法请参考P11）

做法 ◦ recipe

1. 将年糕切成厚约2厘米的小片。
2. 热一锅油，将油温烧热至约150℃，取年糕一片一片沾上吐司面糊，再放入油锅中炸至表面呈现金黄色，捞起沥干油装盘即可。

150 炸香蕉

材料 ◦ ingredient

A.香蕉（熟透的）2根

B.低筋面粉……1/2杯
糯米粉………1/4杯
淀粉（树薯淀粉）
………………1/8杯
吉士粉………1/8杯
泡打粉……1/2小匙
水………… 150毫升
色拉油………1小匙

做法 ◦ recipe

1. 香蕉剥皮，对切开备用。
2. 将材料B的低筋面粉、糯米粉、淀粉、吉士粉、泡打粉、水与色拉油调成粉浆备用。
3. 热一锅，放入适量的油，待油温烧热至约160℃，将香蕉沾裹上粉浆后放入油锅，以中火炸约1分钟至表皮呈金黄色，捞起沥干油分即可食用。

151 脆皮香蕉

材料 ◦ ingredient

香蕉…………………2根

调味料 ◦ seasoning

椰浆面糊…………1杯
（做法请参考P11）

做法 ◦ recipe

1. 香蕉剥皮后斜切成厚约1厘米的椭圆形片状。
2. 热一锅油，将油温加热至约150℃，取香蕉一片片沾上椰浆面糊，再放入油锅，以中火炸约1分钟至表皮呈金黄色，捞起沥干油即可食用。

152 豆沙球

材料◦ingredient

豆沙馅…………100克

调味料◦seasoning

香草面糊…………2杯
（做法请参考P10）

做法◦recipe

1.将豆沙馅分成12等份，并搓成圆球状，表面撒上薄薄一层面粉（材料外），成豆沙球备用。
2.热一锅，倒入约400毫升色拉油，将油温烧热至约160℃，再取豆沙球均匀的沾裹上香草面糊。
3.将沾裹好面糊的豆沙球放入油锅中，转小火并不停翻动，约炸1分钟至表面呈现金黄色后捞起沥干油，即可装盘食用。

153 酥炸冰淇淋

材料 ◦ ingredient

冰淇淋……………2个

炸粉 ◦ fried flour

面粉……………2大匙
面包粉…………3大匙
蛋液……………150克

做法 ◦ recipe

1. 将冰淇淋依序沾裹蛋液，面粉，蛋液，面包粉。
2. 热油锅，以中大火将油温烧热至约220℃，放入冰淇淋炸2~3分钟至表面呈金黄色，取出沥油即可。

美味小秘诀

冰淇淋无法直接沾粉油炸，一定要有一层材料包住才不会溶化，一般会使用腐皮、糯米团等，所以直接购买冰淇淋最方便。沾炸粉要迅速，沾完后要马上入锅油炸以免软化。

年轻人最爱的炸鸡排、炸排骨

炸鸡排、炸排骨可是红遍大街小巷的炸物，
夜市、快餐店、小摊贩随处可买，
甚至有人光靠卖鸡排就赚大钱。
如此平民的炸物却好吃到不行，
其中的秘方就让老师来告诉你。
本章包含多种不同口味的配方，利用简单调味的变化，
就能创造出好几十种的美味，更有常见的鸡腿、鸡翅，
像是照烧猪排、黑胡椒香葱猪排、沙茶炸猪排、
腐乳排骨酥、咖喱炸鸡、香酥脆皮鸡排、五香炸鸡排等。

炸出美味第一步——

准备一 认识各种**鸡肉部位**

许多人喜欢吃鸡肉是因为相较于牛肉、猪肉等红肉，鸡肉的脂肪含量较低，而且一只全鸡，几乎从里到外都能够食用，不同的部位也有不同的料理方法和适合油炸的时间，现在就让我们来一一认识，以免挑错部位，炸起来口感不佳。

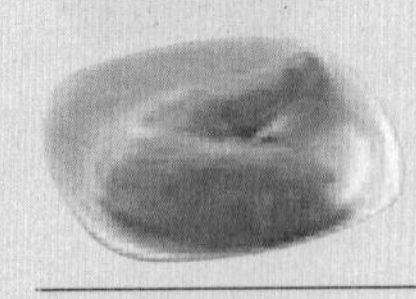

全鸡腿

全鸡腿指的是鸡的大腿上方包含连接身躯的大腿骨部分，肉质细致且鲜嫩多汁，适合各种料理法，在西式炸鸡的做法中通常将腿与大腿骨部分切离，分别油炸，较少看见将一整支全鸡腿下锅油炸。

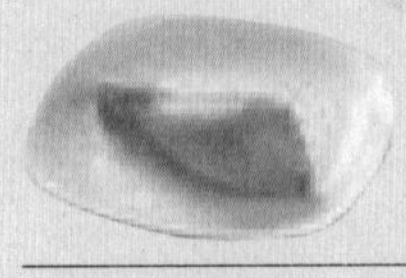

棒棒腿

棒棒腿指去掉大腿的部位，只有鸡的腿部，因为是运动较多的部分，肉质与大腿骨相比较有嚼劲，食用方便又美味，因此适合做成各式料理，做成炸鸡通常会带皮下去炸，也相当美味。

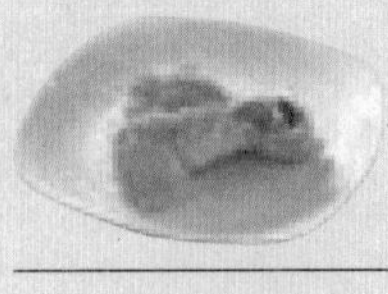

鸡翅腿

鸡翅腿其实就是连接鸡翅与身躯的臂膀部分，也是属于运动量较大的部分，肉质细致不涩，但是鸡翅腿的肉较鸡胸及鸡腿少很多，且与骨头连接紧密不易分离。一般会拿来做成西式的开胃拼盘小点。

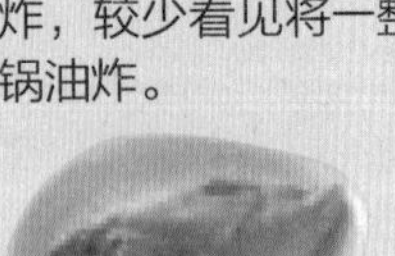

鸡胸肉

鸡胸肉在国外被认为是纯正的白肉，因为鸡胸肉不但脂肪含量低且有丰富且优良的蛋白质。鸡胸肉的肌肉纤维较长，口感较涩，油炸时可别炸太久，以免干柴过硬。常被用来做炸鸡块，经过腌渍再油炸，吃起来口感极佳。

鸡柳条

鸡柳条是指鸡胸肉中间较嫩的一块组织，脂肪含量低，由于分量较少，所以比起鸡胸较为珍贵，虽然同样是鸡胸肉，但是鸡柳的口感却比鸡胸要更鲜嫩多汁，多以长条状直接做酥炸鸡柳条或用以凉拌，炒或煮的口感比较容易干涩，腌过再料理更好吃。

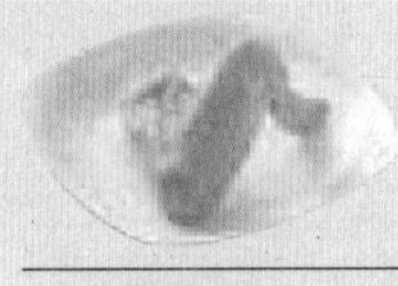

鸡翅

市售的鸡翅分两节翅与三节翅两种，差别在于有没有带鸡翅腿的部分。鸡翅肉质虽然少，但是皮富含胶质且油脂又少，肉质也细致不涩，多吃可以让皮肤更有弹性喔，拿来炸或卤都很美味。

准备二 鸡肉**选购诀窍**

想要烹调出好吃的料理，除了要有一手好厨艺，更重要的就是要有好的食材。而究竟要如何买到好吃又新鲜的鸡肉呢？除了认准合格的检验标志，贩售处也应该有完善的冷藏设备，更重要的是你要学会以下的鸡肉选购要点喔！

1.表皮光泽无伤痕

新鲜、健康的鸡表皮应该呈淡黄或黄色，带有均匀的光泽（乌骨鸡带有紫黑色的光泽）。

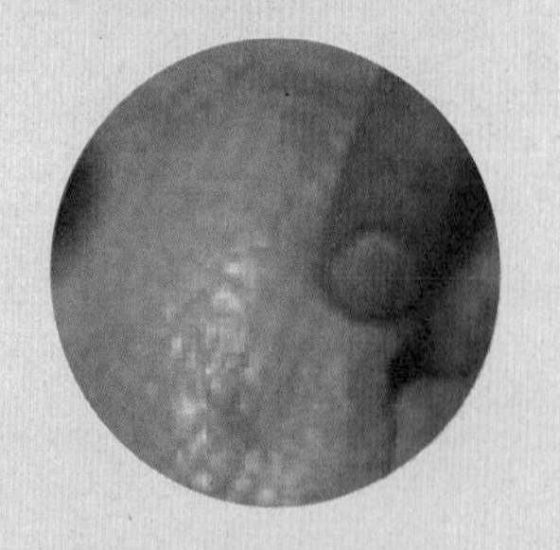

2.鸡冠淡红、眼睛明亮

新鲜的鸡的鸡冠会呈淡红色，眼睛为明亮状，若鸡冠已偏白色且鸡的眼睛混浊，则代表鸡已经不新鲜了。

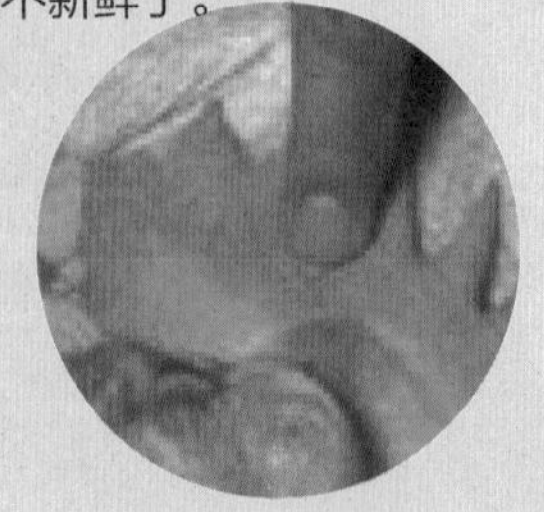

3.肉质弹性佳不渗水

新鲜的鸡肉具有弹性，肉色呈淡粉红色，以指尖轻压会弹回，且脂肪呈淡黄色，具有光泽。若不新鲜的鸡肉会有腥臭味且渗水，会出水的鸡肉，表示已被宰杀超过至少两天，绝对不能选购。

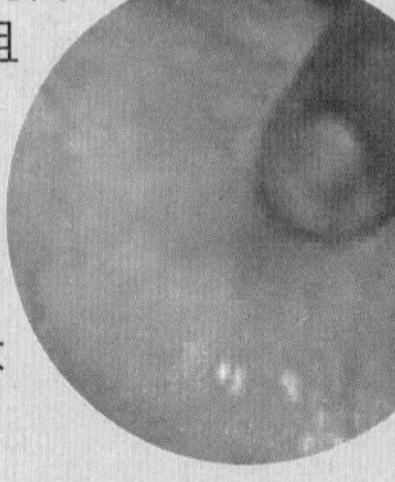

炸出美味第一步——猪肉

要做出终极美味的鲜嫩多汁超厚大猪排，决窍无它，选择最适合的肉质部位是决定成败的首要条件！要是挑错了肉片，太油、太瘦、太软、太硬，就算制作过程再完美，也无法制作出让你口水直流的梦幻炸猪排喔！

黑毛猪肉质甘甜

与一般市售的白毛猪相较，黑毛猪油脂比较丰富，肉质较细且脆，并有一股甘甜味，口感好，一般说来售价较高，是炸猪排的上品。

分量十足的超厚猪排

要做出肉汁四溢的超厚美味大猪排，记得要挑选重达200克以上的超厚肉片才好吃！

肩胛肉

特色：肉粗，维生素B_1含量多，营养价值高。
用途：肩胛肉可拍成薄片卷食材做成炸肉卷。

大里脊肉

特色：位于猪背中央的部位，口感较有咬劲，油脂含量适中。
用途：非常适合拿来炸猪排或整片煎皆可，紧实有韧性的口感令人大大满足。

①肩胛肉 ②大里脊肉 ③五花肉 ④小里脊肉

五花肉

特色：脂肪较多，肉质较油腻。
用途：较少拿来用作炸猪排，适合拿来炖煮或卤肉。

小里脊肉

特色：一般称腰内肉，肉中无筋，皆为瘦肉，口感细致，肌肉纤维细小，是猪肉中肉质最柔软的部位。
用途：肉质柔软细嫩，非常适合拿来做炸猪排。

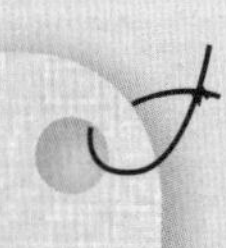

买猪肉诀窍

诀窍1 外观呈粉红色的为佳

新鲜猪肉外观略呈粉玫瑰红色，脂肪带有一点黏性且是白色的，如果是不新鲜的肉会呈现较暗的色泽、油脂的部分也会变成黄色。其他的肉像五花肉可挑选厚一点的，靠近头部的肉质是较好的；薄肉片的肉质则以柔软较好。

诀窍2 按压确认肉质弹性

猪肉肉质较厚，以手指轻轻按压，若肉上面水水的、感觉起来烂烂的，表示肉质松散失去弹性，很可能就不是新鲜的肉了。

诀窍3 有合格证明及设备清洁的肉铺

选择信誉良好且熟识的店家采购，通常猪肉上会盖有合格烙印，就是合法屠宰的猪，而肉摊上挂着的当日卫生检查证明单，也是分辨的好办法；另外温体猪是不适合长时间曝露在常温、空气中，因此拥有冷藏设备也是必要的。

154 沙茶炸猪排

材料 ◦ ingredient

猪排····2片(约260克)
蒜泥··················20克
姜泥··················20克
地瓜粉············100克

调味料 ◦ seasoning

沙茶粉·············1大匙
盐··············· 1/4小匙
水····················1大匙
米酒·················1小匙
细砂糖············ 2小匙
黑胡椒粉······ 1/4小匙

做法 ◦ recipe

1. 猪排洗净，用肉槌拍松，并断筋备用。
2. 蒜泥、姜泥与所有调味料拌匀成腌料。
3. 将猪排加入腌料拌匀，腌渍30分钟备用。
4. 将腌好的猪排沾裹地瓜粉，静置约1分钟返潮备用。
5. 热油锅，待油温烧热至约180℃，放入猪排以中火炸约5分钟至表皮成金黄酥脆，捞出沥干油即可。

155 香炸猪排

材料 ◦ ingredient

A.猪里脊排4片（约300克）
B.鸡蛋液2小匙，低筋面粉2大匙，玉米淀粉2大匙，吉士粉2小匙

腌料 ◦ seasoning

A.葱1根，芹菜15克，香菜5克，洋葱20克，姜10克，蒜仁40克，水100毫升
B.盐1/4小匙，细砂糖1大匙，鸡粉1小匙，米酒2大匙

做法 ◦ recipe

1. 将厚约1厘米的猪里脊排洗净，用肉槌拍成厚约0.5厘米的薄片，用刀把猪里脊排的肉筋切断。
2. 所有腌料A放入果汁机中打成汁，用滤网将残渣滤除，再加入所有腌料B拌匀成腌汁，备用。
3. 将做法2腌汁倒入盆中，加入猪里脊排，再倒入鸡蛋液抓拌均匀，腌渍约20分钟后，加入玉米淀粉、吉士粉和低筋面粉抓拌均匀，备用。
4. 热油锅至油温约150℃，放入猪里脊排，以小火炸约2分钟，再改中火炸至外表呈金黄酥脆后起锅即可。

156 红糟猪排

材料 • ingredient

去骨大里脊肉 ·· 350克
小黄瓜片 ········· 适量
蒜末 ··················· 5克
姜末 ··················· 5克
地瓜粉 ············· 适量

腌料 • pickle

红糟酱 ············ 100克
细砂糖 ············· 1小匙
米酒 ················ 2大匙

做法 • recipe

1. 大里脊肉洗净沥干切片，先以肉槌搥打，加入蒜末、姜末、所有腌料拌匀，腌约60分钟，再沾上地瓜粉静置5分钟备用。
2. 热锅，加入适量的油烧热至160℃，将大里脊肉片放入炸一下，改转小火炸约3分钟，再改转大火炸一下，捞出沥油盛盘。
3. 食用前再加入小黄瓜片。

157 青葱猪排

材料 • ingredient

猪排 ···· 2片(约260克)
蒜泥 ················· 20克
姜泥 ················· 20克
淀粉（树薯淀粉）
························· 30克

调味料 • seasoning

青葱粉 ············ 1大匙
水 ···················· 1大匙
细砂糖 ············ 2小匙
米酒 ················ 1小匙
酱油 ················ 1大匙
五香粉 ········ 1/6小匙
白胡椒粉 ······ 1/4小匙

做法 • recipe

1. 猪排用肉洗净，用槌拍松并断筋备用。
2. 蒜泥、姜泥与所有调味料拌匀成腌料。
3. 将猪排加入腌料拌匀，腌渍30分钟备用。
4. 将腌好的猪排加入淀粉拌匀成粘稠状备用。
5. 热油锅，待油温烧热至约180℃，放入猪排以中火炸约5分钟至表皮成金黄酥脆，捞出沥干油即可。

158 照烧猪排

材料 ◦ ingredient

中里脊肉300克，玉米笋2支，秋葵2支，红辣椒适量，面粉适量，鸡蛋液适量，面包粉适量

调味料 ◦ seasoning

A.盐适量，胡椒粉适量

B.米酒50毫升，酱油50毫升，细砂糖1/4小匙

做法 ◦ recipe

1. 中里脊肉洗净沥干切片，先以肉槌搥打，加入调味料A，依序沾上面粉、鸡蛋液和面包粉备用。
2. 热锅，加入适量的油烧热至160℃，将里脊肉放入其中炸约4分钟，捞起沥油盛盘。
3. 另起锅，加适量油烧热，放入调味料B煮至浓稠，淋至里脊肉上。
4. 将红辣椒、玉米笋和秋葵洗净，放入滚水中汆烫后捞起放入做法2盘中即可。

159 辣酱猪排

材料。ingredient

A.猪里脊排4片（约300克）

B.低筋面粉1/2杯，玉米淀粉1杯，粘米粉1/2杯，辣椒粉1大匙，香蒜粉2大匙

腌料。pickle

辣椒酱1大匙，蒜泥40克，水50毫升，五香粉1/8小匙，香芹粉1/4小匙，花椒粉1/2小匙，细砂糖1大匙，盐1/6小匙，米酒1大匙

做法。recipe

1. 将猪里脊排洗净，用肉槌拍成厚约0.5厘米的薄片，用刀把猪里脊排的肉筋切断。
2. 所有材料B拌匀成炸粉；所有腌料拌匀成腌汁。
3. 取猪里脊排加入腌汁抓拌均匀，腌渍约20分钟，备用。
4. 取猪里脊排放入炸粉中，用手掌按压让炸粉沾紧，翻至另一面同样略按压后拿起轻轻抖掉多余的炸粉。
5. 将猪里脊排静置约1分钟让炸粉回潮，热油锅至油温约150℃，放入猪里脊排以小火炸约2分钟，再改中火炸至表面呈金黄酥脆状后起锅即可。

160 海苔猪排

材料。ingredient

猪里脊排…………2片（约150克）
海苔粉…………1大匙
鸡蛋…………1个
低筋面粉…………30克
面包粉…………50克

腌料。pickle

盐…………1/8小匙
细砂糖…………1/4小匙
迷迭香粉……1/6小匙
白胡椒粉……1/6小匙
水…………1大匙

做法。recipe

1. 将猪里脊排洗净，用肉槌拍松，用刀把猪里脊排的肉筋切断；鸡蛋打散成蛋液；面包粉和海苔粉拌匀，备用。
2. 将所有腌料拌匀，均匀的撒在猪里脊排上抓匀，腌渍约20分钟，备用。
3. 取猪里脊排先均匀沾上低筋面粉后裹上蛋液，再裹上海苔面包粉并稍微用力压紧。
4. 热油锅至油温约120℃，放入猪里脊排，以小火炸约3分钟，再改中火炸至表面呈金黄酥脆状即可。

161 黑胡椒香葱猪排

材料 · ingredient

1厘米厚的猪里脊肉片100克×4片，盐少许，胡椒少许，淀粉（树薯淀粉）少许，猪肉泥50克，葱花50克，白芝麻适量，圆白菜丝适量，小西红柿适量

炸粉 · fried flour

低筋面粉适量，蛋液50克，面包粉适量

调味料 · seasoning

黑胡椒2克，水10毫升，酱油5毫升，盐少许，细砂糖3克，白胡椒1克

做法 · recipe

1. 所有材料洗净，把所有调味料拌入猪肉泥中，用手充分拌至粘稠，再加入葱花、白芝麻拌匀备用。
2. 将2片猪里脊肉片单面撒上盐、胡椒后，放置约10分钟，再撒上薄薄的淀粉（树薯淀粉）备用。
3. 取一片做法2的猪里脊肉片，中间放入适量的做法1馅料，再叠上另一片猪里脊肉片，并用手压紧边缘成猪排，依序沾上低筋面粉、蛋液、面包粉备用；再将另两片猪里脊肉片重覆此步骤包裹。
4. 将做法3的猪排放入油锅中，以中小火加热至170℃的油温油炸至表面金黄，拨动后能浮起，即可捞起沥干油，食用时搭配圆白菜丝、小西红柿即可。

162 含片乳酪里脊猪排

材料 ingredient

1厘米厚的猪里脊肉片100克X2片，盐少许，胡椒少许，淀粉（树薯淀粉）少许，含片1/2包，什锦乳酪丝15克，奶油10克，圆白菜丝适量，小黄瓜片适量

调味料 seasoning

低筋面粉适量，蛋液适量，面包粉适量

做法 recipe

1. 含片对半切再从中横剖，用奶油煎至双面上色。
2. 将两片猪里脊肉片洗净，单面撒上盐、胡椒后，放置约10分钟，再撒上薄薄的淀粉备用。
3. 将含片夹入综合乳酪丝，放在一片猪里脊肉片中间，再把另一片猪里脊肉片叠上，并用手压紧边缘成猪排，再依序沾上低筋面粉、蛋液、面包粉备用。
4. 将做法3的猪排放入油锅中，以中小火加热至170℃的油温油炸至表面金黄，拨动后能浮起，即可捞起沥干油备用。
5. 盛盘，附上圆白菜丝和小黄瓜片即可。

美味小秘诀

含片是白肉鱼做成的鱼浆制品，可放在关东煮里，或直接用奶油煎就十分好吃。

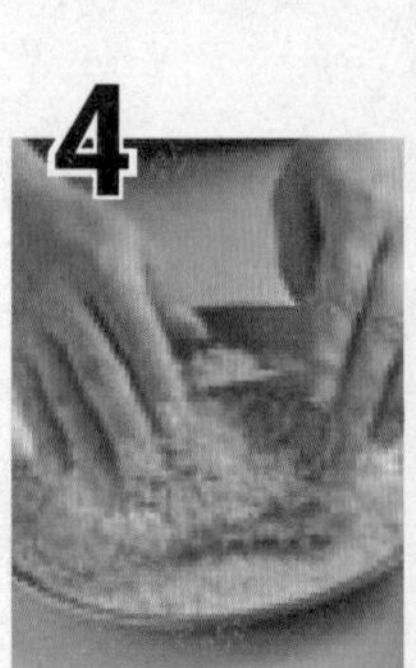

163 厚蛋海苔鳗鱼猪排

材料 · ingredient

A.1厘米厚的猪里脊肉片100克×2片，盐少许，胡椒少许，淀粉（树薯淀粉）少许，蒲烧鳗1/2条，海苔片1/4片，色拉油适量，圆白菜丝适量，西生菜适量

B.蛋液适量，牛奶15毫升，酱油3毫升，盐少许，胡椒少许

炸粉 · fried flour

低筋面粉适量，蛋液适量，面包粉适量

做法 · recipe

1. 将蒲烧鳗洗净，切成长约10厘米、宽4厘米的大小（见图1），放进烤箱烤热备用。
2. 取做蛋卷的长方锅，薄薄擦上一层色拉油，倒入材料B中蛋卷料的蛋液，摇动锅使蛋液布满全锅，以中小火加热至蛋呈半熟状态，折三折包入蒲烧鳗备用（见图2）。
3. 将2片猪里脊肉片单面撒上盐、胡椒后，放置约10分钟，再撒上薄薄的淀粉备用。
4. 取1片做法3的猪里脊肉片，中间放入做法2的蒲烧鳗蛋卷和适当大小的海苔片（见图3），再取1片猪里脊肉片叠上，并用手压紧边缘成猪排，依序沾上炸粉中的低筋面粉、蛋液、面包粉（见图4）。
5. 将的猪排放入油锅中，以中小火加热至170℃的油温油炸至表面金黄，拨动后能浮起，捞起沥干油。
6. 盛盘，附上圆白菜丝和西生菜即可（见图5）。

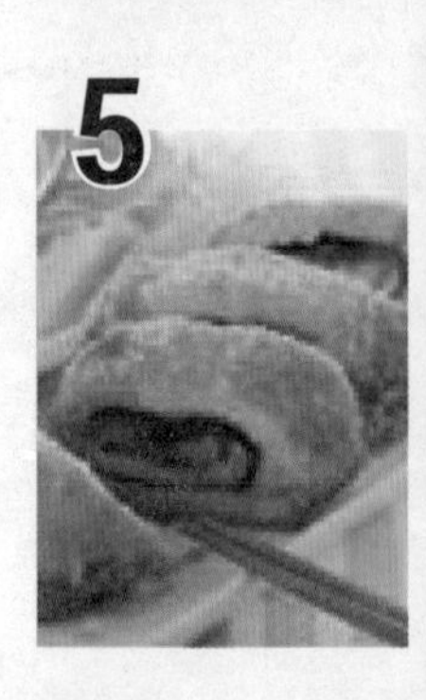

164 紫苏梅香里脊猪排

材料 ◦ ingredient

1厘米厚的猪里脊肉片100克×2片，盐少许，胡椒少许，淀粉（树薯淀粉）少许，紫苏叶2片，梅肉2颗，圆白菜丝适量

炸粉 ◦ fried flour

低筋面粉适量，蛋液适量，面包粉适量

做法 ◦ recipe

1. 猪里脊肉、紫苏叶洗净；将梅肉抹平在紫苏叶上对折；2片猪里脊肉片单面撒上盐、胡椒后，放置约10分钟，再撒上薄薄的淀粉备用。
2. 取1片里脊肉片，中间放入梅肉紫苏，再叠上另1片猪里脊肉片，并用手压紧边缘成猪排，再依序沾上低筋面粉、蛋液、面包粉备用。
3. 将猪排放入油锅中，以中小火加热至170℃的油温油炸至表面金黄，拨动后能浮起，即可捞起沥干油备用。
4. 盛盘，附上圆白菜丝搭配食用即可。

165 厚片照烧猪排

材料 ◦ ingredient

猪腰内肉150克，盐少许，胡椒少许，红甜椒适量，香菇2朵，淀粉（树薯淀粉）少许，水少许，色拉油适量

调味料 ◦ seasoning

照烧酱100克，圆白菜丝适量，米饭1碗

炸粉 ◦ fried flour

低筋面粉适量、蛋液适量、面包粉适量

做法 ◦ recipe

1. 各材料洗净；将腰内肉切成2厘米的大块状，撒上盐、胡椒后，放置约10分钟，再依序沾上低筋面粉、蛋液、面包粉备用。
2. 将腰内肉块放入油锅中，以中小火加热至170℃的油温油炸至表面金黄，拨动后能浮起，即可捞起沥干油备用。
3. 红甜椒切大块过油；将照烧酱在锅中加热，加入水淀粉（以淀粉：水＝1：1调匀）勾薄芡，再放入腰内肉和香菇略煮。
4. 将腰内肉、红甜椒和香菇盛盘，附上圆白菜丝和米饭即可。

166 腐乳排骨酥

材料 ◦ ingredient

排骨……600克

炸粉 ◦ fried flour

面粉……20克
地瓜粉……100克

调味料 ◦ seasoning

蒜末……30克
红糟腐乳……25克
米酒……1小匙

做法 ◦ recipe

1. 排骨洗净剁小块后加入所有调味料拌匀腌渍30分钟。
2. 将排骨再加入面粉拌匀增加黏性。
3. 将排骨均匀沾裹地瓜粉后静置约1分钟使之反潮。
4. 热油锅，待油温烧热至约160℃，放入排骨以中火炸约10分钟至表皮成金黄酥脆时捞出沥干油即可。

167 红糟排骨酥

材料 ∘ ingredient

排骨……………600克
面粉………………20克
地瓜粉…………100克

调味料 ∘ seasoning

蒜末………………30克
红糟酱…………2大匙
酱油………………1大匙
米酒………………1小匙
五香粉………1/2小匙

做法 ∘ recipe

1. 排骨洗净剁小块，加入所有调味料拌匀腌渍30分钟，再加入面粉拌匀，增加黏性备用。
2. 将排骨均匀沾裹地瓜粉后，静置约1分钟备用。
3. 热锅倒入约200毫升的色拉油（材料外），待油温烧热至约180℃，放入排骨，以中火炸约10分钟至表皮成金黄酥脆时，捞出沥干油即可。

美味小秘诀

炸排骨时外表裹上粉后，要稍微静置一下，让裹粉反潮，再入锅油炸，这样裹粉才不易在炸的过程中散落，且粉也会均匀吸收腌酱而湿润，才不会吃到一堆干粉。

168 酥炸猪大排

材料 • ingredient

A.猪大排…………2片
(约200克)
B.椒盐粉………1大匙
蒜香粉………1小匙
地瓜粉…………1杯
水……………1/2杯

调味料 • seasoning

A.蒜末…………15克
酱油…………1小匙
五香粉…… 1/4小匙
米酒…………1小匙
水……………1大匙
蛋清…………1大匙
B.椒盐粉………1小匙

做法 • recipe

1. 猪大排洗净，用肉槌拍成厚约0.5厘米的薄片，备用。
2. 将调味料A全部拌匀，放入猪大排拌匀，腌渍20分钟。
3. 将材料B的椒盐粉、蒜香粉、地瓜粉与水调成粉浆备用。
4. 热一锅，放入适量的油，待油温烧热至约160℃，将猪大排沾上粉浆后放入锅中，以中火炸约2分钟至表皮呈金黄酥脆状，捞出沥干，再撒上椒盐粉食用即可。

169 黑胡椒猪排

材料 • ingredient

A.猪里脊排300克X4片
B.低筋面粉1/2杯，玉米淀粉1杯，粘米粉1/2杯，辣椒粉1大匙，香蒜粉2大匙，黑胡椒粒1大匙

腌料 • pickle

A.葱2根，姜10克，蒜仁40克，水100毫升
B.洋葱粉1小匙，香芹粉1小匙，香菜粉1小匙，黑胡椒粉1大匙，细砂糖1大匙，盐1小匙，米酒2大匙

做法 • recipe

1. 将厚约1厘米的猪里脊排洗净用肉槌拍成厚约0.5厘米的薄片，用刀把猪里脊排的肉筋切断。
2. 所有材料B拌匀成炸粉；所有腌料A放入果汁机中加入水打成汁，用滤网将渣渣滤除，再加入所有腌料B拌匀成腌汁，放入猪里脊排抓拌均匀，腌渍约20分钟，备用。
3. 取猪里脊排放入炸粉中，用手掌按压让炸粉沾紧，翻至另一面同样略按压后拿起轻轻抖掉多余的炸粉。
4. 将猪里脊排静置约1分钟让炸粉回潮；热油锅至油温约150℃，放入猪里脊排小火炸约2分钟，改中火炸至表面呈金黄酥脆状后起锅即可。

170 韩式炸猪排

材料 ◦ ingredient

A.猪里脊排4片（约300克），低筋面粉1/2杯

B.低筋面粉1杯，细玉米淀粉2杯，盐1/2小匙，细砂糖1小匙，香蒜粉1小匙，水约2杯

腌料 ◦ pickle

洋葱40克，姜10克，蒜仁40克，水50毫升，韩国辣椒酱2大匙，细砂糖1大匙，鱼露1大匙，米酒1大匙

做法 ◦ recipe

1. 所有材料B拌匀成粉浆；所有腌料放入果汁机中打匀成腌汁，备用。
2. 将厚约1厘米的猪里脊排用肉槌拍成厚约0.5厘米的薄片，用刀把猪里脊排的肉筋切断。
3. 取猪里脊排，倒入腌汁抓拌均匀，腌渍约20分钟，备用。
4. 取出猪里脊排，将两面均匀的沾上低筋面粉，再裹上粉浆。
5. 热油锅至油温约150℃，放入猪里脊排，以小火炸约2分钟，再改中火炸至表面呈金黄酥脆状起锅即可。

171 香草猪排

材料 ◦ ingredient

A.猪里脊排2片（约150克）

B.鸡蛋2个，低筋面粉50克，面包粉100克

腌料 ◦ pickle

盐1/4小匙，细砂糖1/4小匙，迷迭香粉1/6小匙，香芹粉1/6小匙，意式什锦香料1/6小匙，白胡椒粉1/6小匙

做法 ◦ recipe

1. 猪里脊排洗净用肉槌拍松，用刀把猪里脊排的肉筋切断；鸡蛋打散成蛋液，备用。
2. 将所有腌料拌匀，均匀的撒在猪里脊排上抓匀，腌渍约20分钟，备用。
3. 取腌好的猪里脊排，两面均匀的沾上低筋面粉，轻轻抖除多余的粉后沾上蛋液，再沾上面包粉，并稍微用力压紧。
4. 抖除猪里脊排上多余的面包粉；热油锅至油温约120℃，放入猪里脊排以小火炸约2分钟，再改中火炸至外表呈金黄酥脆后起锅即可。

172 酥脆炸排骨

材料 · ingredient

猪肋排………… 600克
蒜泥………………50克

调味料 · seasoning

A.盐………… 1/4小匙
细砂糖………1小匙
米酒…………1大匙
水…………… 3大匙
鸡蛋…………1/2个
B.淀粉（树薯淀粉）
………………3大匙

做法 · recipe

1. 猪肋排洗净；剁成小段，装入盆中，放在水龙头下用小水流（流动的水）冲约10分钟，至排骨肉略变白后捞出沥干血水。
2. 将调味料A与蒜泥拌匀后放入猪肋排；抓匀，腌渍约20分钟备用。
3. 将淀粉加入腌好的猪肋排中，抓匀备用。
4. 热锅，倒入约200毫升的色拉油，以大火烧热至约160℃后将猪肋排下锅，以小火炸约6分钟，改转中火炸至表面呈金黄酥脆即可。

173 蒜汁炸排骨

材料 · ingredient

猪肋排1根(约250克)，蒜仁40克

调味料 · seasoning

A.盐1/4小匙，鸡粉1/4小匙，细砂糖1小匙，米酒1大匙，水3大匙，小苏打1/8小匙
B.淀粉（树薯淀粉）2大匙，蛋清1大匙

做法 · recipe

1. 猪肋洗净，排剁小段，将调味料A与蒜仁用果汁机打成泥再加入蛋清，放入猪肋排段抓匀腌渍20分钟。
2. 将淀粉加入腌过的猪肋排抓匀备用。
3. 热锅倒入约200毫升的色拉油（材料外），以大火将油温烧热至约160℃，放入猪肋排段，以小火炸约6分钟，转中火炸至金黄酥脆即可。

美味小秘诀

猪肋排的肉质并不厚，因此在油炸的时候千万不要用太大的火，以免表面烧焦，而里面仍是半生不熟。

174 香椿排骨

材料 · ingredient

排骨…………… 500克
香椿………………50克
蛋液……………… 适量
面包粉…………150克
淀粉（树薯淀粉）
……………………50克

调味料 · seasoning

五香粉…………1小匙
盐………………… 少许
黑胡椒粉……… 少许
香油……………1小匙
酱油……………1大匙
水…………… 200毫升

做法 · recipe

1. 排骨洗净并擦干水分；香椿洗净沥干水分切碎，备用。
2. 将面包粉与淀粉混合拌匀，备用。
3. 将排骨放入容器中，加入鸡蛋液、所有调味料，搅拌均匀后腌20分钟，备用。
4. 将香椿碎加入做法3材料中一起搅拌均匀后，再加入做法2材料中，让排骨均匀地沾上粉，备用。
5. 起一锅，放入适量的油烧热至160℃，将排骨放入油锅中，炸约3分钟至金黄色外观捞出即可。

175 泡菜炸猪排

材料 · ingredient

大里脊肉………120克
圆白菜叶……… 适量
韩式泡菜……… 适量
盐……………… 适量
胡椒粉………… 少许
熟白芝麻……… 适量

炸粉 · fried flour

低筋面粉……… 适量
蛋液…………… 适量
面包粉………… 适量

做法 · recipe

1. 将大里脊肉洗净擦干，双面撒上少许盐、胡椒粉后，放置10分钟备用。
2. 圆白菜叶放入滚水中（滚水中放入少许盐）汆烫，捞起，泡入冷水中冷却后沥干备用。
3. 将大里脊肉依序沾上低筋面粉、蛋液、面包粉，以170℃油温炸至肉浮起，再提高至180℃油温，炸至呈金黄酥脆后夹起沥油备用。
4. 盛盘后放上做法2材料，再于猪排上加入适量的韩式泡菜，撒上熟白芝麻食用即可。

176 椒麻炸猪排

材料。ingredient

台式炸猪排 ………1片
（做法请参考P154）
花椒……………… 适量
葱末………………10克
蒜末………………10克
香菜末 ……………10克

调味料。seasoning

酱油………………1大匙
鱼露…………1/2大匙
细砂糖 …………1大匙
白醋……………… 少许
柠檬汁 ………… 2大匙

做法。recipe

1. 将台式炸猪排切块放入盘中备用。
2. 取一锅，放入花椒以小火炒香后压扁、剁碎。
3. 将全部调味料拌匀，与葱末、蒜末、香菜末一起加入锅中拌炒均匀，淋在猪排块上即可。

177 味噌炸排骨

材料。ingredient

里脊肉大排骨……2片
葱末…………………5克
地瓜粉 …………1/2杯
面包粉 ……………1杯

调味料。seasoning

味噌……………3大匙
味醂……………2大匙
米酒……………3大匙

做法。recipe

1. 大排骨洗净擦干水分；地瓜粉、面包粉拌匀，备用。
2. 取一容器倒入腌料调匀，放入葱末与排骨拌匀，腌30分钟，备用。
3. 将排骨放入做法1中材料调匀的粉中，均匀地沾上粉后，备用。
4. 起一锅放入适量的油烧热至160℃，再放入做法3的排骨，转小火炸2分钟捞起。
5. 续将油锅转大火，放入排骨炸至外观呈金黄色即可捞起。

178 芝心炸猪排

材料 ◦ ingredient

A.大里脊肉200克，猪肉泥25克，酸黄瓜15克，洋葱30克，莫查列拉奶酪15克，圆白菜丝适量，烫熟的芦笋2根，苹果片3片
B.低筋面粉适量，蛋液适量，面包粉适量

调味料 ◦ seasoning

猪排酱适量，盐少许，胡椒粉少许

做法 ◦ recipe

1. 将大里脊肉洗净擦干切成2片，双面撒上少许盐、胡椒粉后，放置10分钟备用。
2. 将洋葱洗净去皮和酸黄瓜皆切成细末、莫查列拉奶酪切成小块状后，全部与猪肉泥充分混合均匀备用。
3. 将适量的做法2材料平均置于大里脊肉片中，以另一片覆盖于上面，边缘用手压紧。
4. 将做法3材料依序沾上低筋面粉、蛋液、面包粉，以170℃油温炸至肉浮起，再提高至180℃油温，炸至呈金黄酥脆后夹起沥油盛盘，蘸取上猪排酱即可。

179 美乃滋炸猪排

材料 ◦ ingredient

A.大里脊肉150克，圆白菜丝适量，西红柿适量，小黄瓜适量
B.低筋面粉适量，蛋液适量，面包粉适量

调味料 ◦ seasoning

盐少许，胡椒粉少许，美乃滋30克，七味粉少许

做法 ◦ recipe

1. 将大里脊肉洗净擦干，于双面撒上少许盐、胡椒粉后，放置10分钟备用。
2. 在大里脊肉上依序沾上低筋面粉、蛋液、面包粉，以170℃油温炸至浮起，再提高至180℃油温，炸至呈金黄酥脆后夹起沥油，盛盘后放上其余材料A，搭配上美乃滋与七味粉食用即可。

美味小秘诀

受欢迎原因：偏日式的风味，刚炸好的猪排淋上香浓的美乃滋，不用其他调味也好吃。

180 韩式泡菜猪排

材料 ◦ ingredient

沥干的韩国泡菜 50克
1厘米厚的猪里脊肉片 ……………100克×2片
盐……………………少许
胡椒…………………少许
淀粉（树薯淀粉）少许
美乃滋……………10克
炒香的白芝麻…. 少许

炸粉 ◦ fried flour

低筋面粉………… 适量
蛋液………………… 适量
面包粉…………… 适量

调味料 ◦ seasoning

圆白菜丝………… 适量
西红柿………………2片
西生菜………………1片

做法 ◦ recipe

1. 将2片猪里脊肉片单面撒上盐、胡椒后，放置约10分钟，再撒上薄薄的淀粉备用。
2. 将韩式泡菜沥干切碎，加入美乃滋和白芝麻拌匀。
3. 取一片猪里脊肉片，将做法2材料放在中间，再叠上另一片里脊肉片，并用手压紧边缘成猪排，再依序沾上低筋面粉、蛋液、面包粉备用。
4. 将猪排放入油锅中，以中小火加热至170℃的油温油炸，炸至表面呈金黄色，拨动后能浮起，即可捞起沥干油备用。
5. 将猪排盛盘，放入圆白菜丝、西红柿和西生菜即可。

181 苹果乳酪卷猪排

材料 ◦ ingredient

A.1厘米厚的猪里脊肉片 ………100克×2片
淀粉（树薯淀粉） ………………… 少许
苹果…………1/2个
片状奶酪………1片
苹果片 ……… 适量

B.低筋面粉 …… 适量
蛋液…………… 适量
面包粉 ……… 适量

调味料 ◦ seasoning

盐 ………………… 少许
胡椒……………… 少许

做法 ◦ recipe

1. 苹果洗净连皮切成长条状；奶酪片对折备用。
2. 将猪里脊肉片洗净两端作蝴蝶切，撒上盐、胡椒放置约10分钟，再撒上薄薄的淀粉备用。
3. 取一片猪里脊肉片，中间包入苹果条和奶酪片卷起，再依序沾上低筋面粉、蛋液、面包粉，将另一片里脊肉片重覆步骤包裹。
4. 将猪里脊肉卷放入油锅中，以中小火加热至170℃的油温油炸至表面金黄，拨动后能浮起，即可捞起沥干油斜切盛盘，附上苹果片装饰即可。

182 串扬猪排

材料 ◦ ingredient

A.2厘米厚的猪里脊肉片 ……………… 200克
盐 …………… 少许
胡椒………… 少许
竹签……………3根

B.低筋面粉 …… 适量
蛋液………… 适量
面包粉 ……… 适量

调味料 ◦ seasoning

猪排酱汁……… 适量
黄芥末 ………… 适量
西红柿 ……………1片
柠檬…………………2片

做法 ◦ recipe

1. 将2厘米厚的猪里脊肉片洗净，切成6小块，均匀撒上盐、胡椒后，放置约10分钟，并依序沾上低筋面粉、蛋液、面包粉备用。
2. 将猪里脊肉块放入油锅中，以中小火加热至170℃的油温油炸至表面呈金黄色，拨动后能浮起，即可捞起沥干油备用。
3. 将猪里脊肉块串上竹签，两块一串，搭配西红柿、柠檬装饰，另取一小碟，倒入猪排酱汁，边缘抹上一点黄芥末，食用时沾裹增味即可。

183 酥炸肉排

材料 ∘ ingredient

猪肉排……………2片（约160克）
蒜末………………15克
地瓜粉…………100克

调味料 ∘ seasoning

A.酱油…………1小匙
五香粉…… 1/4小匙
米酒…………1小匙
水……………1大匙
蛋清…………1/2个
B.椒盐粉………1小匙

做法 ∘ recipe

1. 厚约1厘米的猪肉排洗净，用肉槌拍成厚约0.5厘米的薄片；所有调味料A与蒜末一起拌匀，与打薄的猪肉排抓匀腌渍20分钟，备用。
2. 将腌过的猪肉排两面均匀的拍上薄薄的一层地瓜粉备用。
3. 热油锅，待油温烧热至约180℃，放入猪肉排，以大火炸约2分钟至表面金黄后捞起沥油，食用时可沾椒盐粉享用。

184 炸猪排

材料。ingredient

猪里脊排2片(约160克)，蒜末15克，淀粉浆2杯（做法请参考P11）

调味料。seasoning

A.酱油1小匙，五香粉1/4小匙，米酒1小匙，水1大匙，蛋清1/2个

B.椒盐粉1小匙

做法。recipe

1. 将厚约1厘米的猪里脊肉排洗净用肉槌拍成厚约0.5厘米的薄片（见图1），再用刀尖剁断白色肉筋。
2. 将调味料A与蒜末拌匀，再放入猪里脊排抓匀，腌渍20分钟备用（见图2）。
3. 热一锅，加入约400毫升色拉油，以大火将油烧热至约180℃后，将腌渍好的猪里脊肉排沾裹上淀粉浆（见图3），放入锅中炸约2分钟至表面呈现金黄色（见图4）。
4. 食用时沾取适量椒盐粉即可。

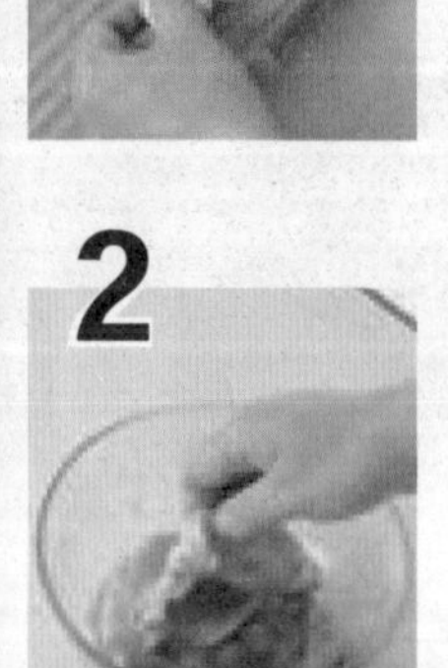

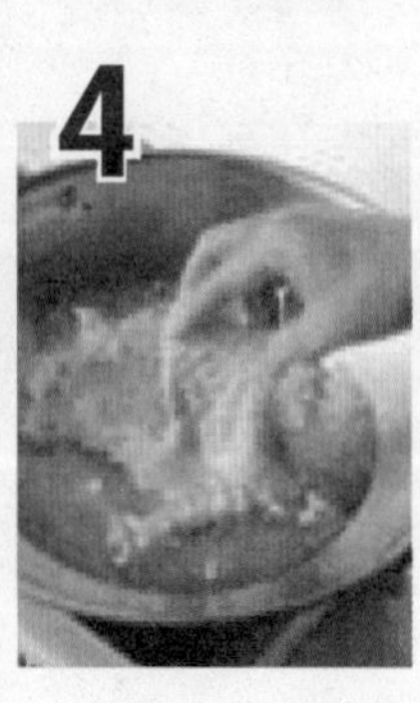

185 厚片猪排

材料 ◦ ingredient

去骨大里脊肉… 250克
面粉………………… 适量
鸡蛋液……………… 适量
面包粉……………… 适量
圆白菜丝…………… 适量

调味料 ◦ seasoning

盐…………………… 适量
胡椒粉……………… 适量
猪排酱……………… 适量

做法 ◦ recipe

1. 大里脊肉洗净沥干，以肉槌将肉略拍松。
2. 加入盐、胡椒粉抹均匀，再依序沾上面粉、鸡蛋液、面包粉，静置5分钟使其反潮。
3. 将猪排放入油温160℃的油锅中，炸约5分钟至熟，捞起沥油。
4. 食用时可切片，搭配圆白菜丝及猪排酱一起食用即可。

186 台式炸排骨

材料 ◦ ingredient

猪肉排2片（约250克），姜泥15克，蒜泥40克

调味料 ◦ seasoning

酱油1小匙，五香粉1/4小匙，米酒1小匙，水1大匙，蛋清1/2个

炸粉 ◦ fried flour

地瓜粉30克

做法 ◦ recipe

1. 猪肉排洗净用刀背或肉槌拍松(厚约0.3厘米)后，加入所有调味料拌匀腌渍30分钟。
2. 在猪肉排中加入地瓜粉，拌匀成稠状，备用。
3. 热油锅，待油温烧热至约180℃时，放入猪肉排以中火炸约5分钟至表皮成金黄时，捞出沥干油即可。

187 百花酿鸡腿

材料 · ingredient

去骨鸡腿…………2只
猪肉泥…………150克
虾仁…………150克
葱末…………1根
姜末…………1/2小匙
淀粉（树薯淀粉）少许
葱姜酒水………适量
（适量葱、姜、米酒、水一起煮沸）

调味料 · seasoning

盐…………少许
胡椒粉…………少许
蛋清…………1/3个
米酒…………1/2小匙

做法 · recipe

1. 去骨鸡腿洗净，以葱姜酒水腌约20分钟后切断肉筋、擦干水分，撒上薄薄的一层淀粉备用。
2. 虾仁挑除肠泥、以刀背压碎，与猪肉泥一起剁成泥，再加入葱末、姜末与所有调味料拌匀后，均匀地涂在去骨鸡腿上备用。
3. 将去骨鸡腿放入蒸笼中蒸约25分钟后，取出放凉备用。
4. 热一锅，放入约半锅的色拉油烧热至180℃，再放入去骨鸡腿，炸至表面呈金黄酥脆后，捞起沥油、切块摆盘即可。

188 香料酿鸡翅

材料 · ingredient

鸡翅…………8只
芹菜…………40克
红辣椒…………10克
香菜茎…………20克
蒜末…………10克

调味料 · seasoning

A. 酱油…………1小匙
细砂糖……1/2小匙
米酒…………1大匙
B. 酱油…………1大匙
细砂糖………1小匙

做法 · recipe

1. 鸡翅去骨后洗净沥干，放入拌匀的调味料A中腌渍约3分钟；芹菜、红辣椒及香菜茎洗净切末，备用。
2. 热锅，倒入少许色拉油（材料外），以小火先爆香蒜末，再加入香菜茎末、红辣椒末、芹菜末及调味料B炒匀后，捞起即是香料馅。
3. 接着将香料馅填入去骨鸡翅中，并用牙签封口，重复此动作至填完所有鸡翅。
4. 洗净油锅，倒入适量的色拉油（材料外），待油温热至150℃，放入包馅鸡翅，以小火炸至表面呈金黄色后，捞出沥油即可。

猪排酱

材料：
辣酱油50毫升，酱油膏50克，番茄酱70克，味醂50毫升，细砂糖20克，辣椒酱5克

做法：
将全部材料混合均匀，用中火加热煮开即可。

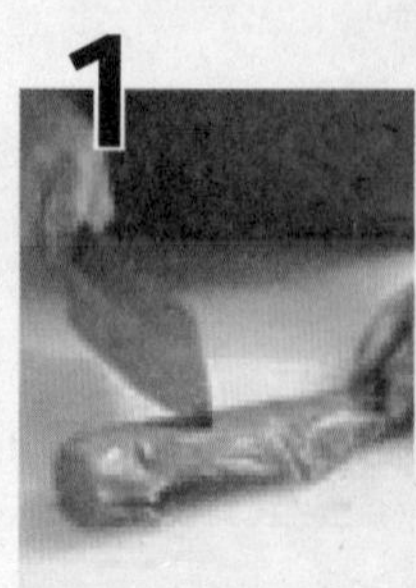

189 超厚腰内肉炸猪排

材料 ◦ ingredient

猪腰内肉200克，盐少许，胡椒少许，圆白菜丝适量，小西红柿适量，萝卜泥适量

调味料 ◦ seasoning

七味粉适量，猪排酱适量

炸粉 ◦ fried flour

低筋面粉适量，鸡蛋（蛋液）1个，面包粉适量

做法 ◦ recipe

1. 将猪腰内肉正反面周边以刀尖轻划数刀以断筋（见图1）。
2. 双面撒上盐、胡椒调味后，放置约10分钟备用。
3. 将猪腰内肉依序沾上低筋面粉、蛋液、面包粉（见图2）。
4. 将猪肉排放入油锅中，以中小火加热至170℃的油温油炸（见图3）。
5. 将猪腰内肉炸至表面呈金黄色，拨动后能浮起，即可夹起沥油。
6. 将刚炸好的猪腰内肉，直立放在网架上沥油（见图4）。
7. 油炸后把油锅里的油渣捞干净，以备下次使用（见图5）。
8. 将猪腰内肉盛盘，放入圆白菜丝、小西红柿，搭配萝卜泥、七味粉，亦可蘸猪排酱增味。

190 酥炸奶酪肉片排

材料 ◦ ingredient

梅花薄肉片200克，奶酪片2片，淀粉（树薯淀粉）适量，低筋面粉适量，鸡蛋1个，面包粉40克，乳酪粉2克，罗勒末5克，小西红柿适量，豇豆适量，橄榄油少许

调味料 ◦ seasoning

盐少许，胡椒少许

做法 ◦ recipe

1. 梅花薄肉片洗净摊平并均分成4等份，撒上少许盐、胡椒粉，并沾上薄薄的淀粉稍腌一下，备用。
2. 面包粉、乳酪粉、罗勒末混合均匀；豇豆切适当长段，放入沸水中汆烫至熟，捞起拌入少许盐（分量外）、橄榄油，备用。
3. 将做法1其中的2份梅花薄肉片上分别放置奶酪片与薄薄的淀粉，再分别盖上另外2份梅花薄肉片即成肉片排。
4. 将肉片排先裹上薄薄的一层低筋面粉，再沾上蛋液，最后均匀沾上做法2混合好的面包粉末。
5. 热锅，倒入适量的油烧热至170℃时，放入做法4的肉排以中大火炸至表面呈金黄色且酥脆并浮起时，捞起沥油后排盘，盘边放上豇豆段与小西红柿装饰即可。

191 台式炸猪排

美味炸物

材料 ◦ ingredient

猪里脊排…………2片（约150克）
地瓜粉…………1/2杯

调味料 ◦ seasoning

蒜泥………………15克
酱油………………1小匙
五香粉……… 1/4小匙
米酒………………1小匙
水…………………1大匙
蛋清………………15克

做法 ◦ recipe

1. 将厚约1厘米的猪里脊排洗净用肉槌拍成厚约0.5厘米的薄片，用刀把猪里脊排的肉筋切断。
2. 所有腌料拌匀后倒入盆中，放入猪里脊排抓拌均匀，腌渍约20分钟，备用。
3. 取猪里脊排放入炸粉中，用手掌按压让炸粉沾紧，翻至另一面同样略按压后，拿起轻轻抖掉多余的炸粉。
4. 将猪里脊排静置约1分钟让炸粉回潮；热油锅至油温约150℃，放入猪里脊排以小火炸约2分钟，再改中火炸至表面呈金黄酥脆状后起锅即可。

192 金黄炸猪排

材料 ◦ ingredient

猪肉排3片（约300克），地瓜粉100克

腌料 ◦ pickle

蒜末20克，酱油1大匙，五香粉1/6小匙，米酒1大匙，水1大匙

调味料 ◦ seasoning

椒盐粉1小匙

做法 ◦ recipe

1. 将厚约1厘米的猪肉排洗净用肉槌拍成厚约0.5厘米的薄片，加入所有腌料抓匀，腌渍约20分钟，备用。
2. 腌好的猪肉排两面均匀的裹上地瓜粉再略轻压，使地瓜粉能沾紧在猪肉排上，静置约3分钟。
3. 热锅，加入约500毫升的色拉油，大火烧热至约160℃，捏一点猪肉排上的湿粉丢进油锅中，粉块快速浮起即转小火。
4. 猪排油炸后转中火，炸约2分钟至猪肉排表面呈金黄色，取出沥干油，沾椒盐粉食用即可。

193 香茅炸猪排

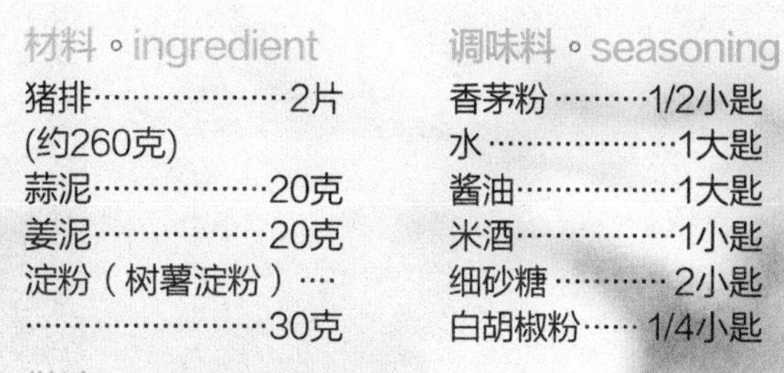

材料 · ingredient

猪排……………………2片
(约260克)
蒜泥………………20克
姜泥………………20克
淀粉（树薯淀粉）……
……………………30克

调味料 · seasoning

香茅粉………1/2小匙
水…………………1大匙
酱油………………1大匙
米酒………………1小匙
细砂糖…………2小匙
白胡椒粉……1/4小匙

做法 · recipe

1. 猪排洗净用肉槌拍松，并断筋备用。
2. 蒜泥、姜泥与所有调味料拌匀成腌料备用。
3. 猪排加入腌料拌匀，腌渍30分钟后，加入淀粉拌匀成粘稠状备用。
4. 热油锅，待油温烧热至约180℃，放入猪排，以中火炸约5分钟至表皮成金黄酥脆，捞出沥干油即可。

194 奶酪炸鸡腿

材料 · ingredient

棒棒腿……………4只
奶酪面糊…………2杯
（做法请参考P10）

调味料 · seasoning

葱……………………1根
姜…………………15克
洋葱………………20克
蒜香粉………1/2小匙
盐……………1/4小匙
细砂糖………1/2小匙
水……………50毫升
米酒……………1大匙

做法 · recipe

1. 棒棒腿洗净后沥干备用。
2. 将所有调味料一起放入果汁机，搅打约30秒滤去渣后成腌汁；将鸡腿放入腌汁中腌渍30分钟，再捞出鸡腿沥干。
3. 热一锅油，待油温烧热至约160℃，将棒棒腿裹上奶酪面糊，放入油锅以小火炸约15分钟至表皮呈现金黄酥脆时捞出，沥干油即可。

195 和式炸鸡腿

材料 · ingredient

A.鸡腿……………1只
米酒…………1小匙
盐……………少许
七味粉………1小匙
面包粉………适量
炸油…………适量

B.盐……………适量
低筋面粉……适量
玉米淀粉……2大匙
鸡蛋……………2个
水……………适量

做法 · recipe

1. 将材料B的盐、低筋面粉、玉米淀粉均匀混合后，加水调成糊状，再打入鸡蛋搅拌均匀，即为面糊备用。
2. 鸡腿洗净，沥干水分，淋上米酒并撒少许盐、七味粉调味，再均匀沾裹做法1的面糊后，沾裹一层面包粉备用。
3. 热锅，倒入炸油烧至180℃时，慢慢放入鸡腿，转中小火炸至表面呈金黄酥脆，捞起沥干油即可。

196 啤酒酵母脆皮鸡

材料 • ingredient

鸡胸肉 ··············80克

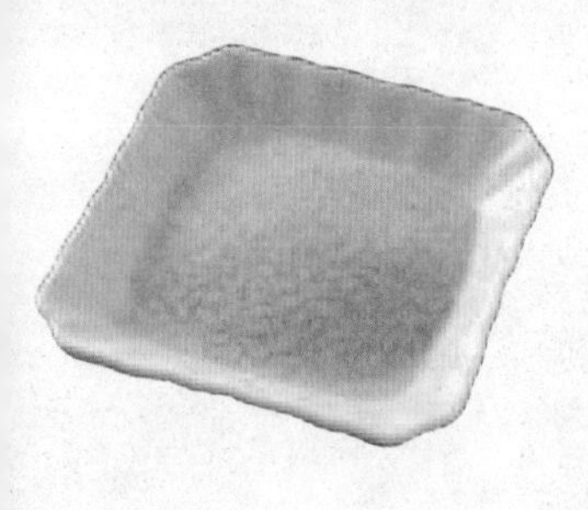

调味料 • seasoning

A.啤酒酵母·· 1/4小匙
　细砂糖 ····· 1/4小匙
　温水············10毫升
　高筋面粉····· 2大匙
B.盐 ············ 1/4小匙
　牛奶 ··········10毫升
　蒜泥·············· 适量
C.辣椒粉 ·········· 适量

做法 • recipe

1. 鸡胸肉去皮洗净沥干备用。
2. 在鸡胸肉中加入调味料B腌约10分钟备用。
3. 将调味料A混合后倒入鸡胸肉中拌匀备用。
4. 热锅，倒入适量的油，油温热至150℃时，将鸡胸肉放入油锅中，以中火炸至表面金黄且熟透，捞起切块，撒上辣椒粉即可。

NATURAL LIFE
NATURAL LIFE

197 意式炸鸡

材料 · ingredient

棒棒腿……………1只

调味料 · seasoning

水……………… 2大匙
盐……………1/4小匙
罗勒末 ………… 少许
意大利香料 ·· 1/4小匙
自制脆浆粉 ····· 4大匙
（做法请参考P11）

做法 · recipe

1. 鸡腿洗净切块状备用。
2. 所有调味料混合拌匀成粉浆备用。
3. 将鸡腿块均匀沾裹上粉浆备用。
4. 热锅，倒入适量的油，油温热至150℃时，将鸡腿块放入油锅中，以中火炸至表面金黄且熟透即可。

198 巧达酥皮炸鸡

材料 · ingredient

鸡翅小腿…………4只
奶酪………………1片

调味料 · seasoning

自制脆浆粉 ····· 2大匙
（做法请参考P11）
盐………………1/小匙
水………………1大匙

做法 · recipe

1. 鸡翅小腿去骨；所有调味料拌匀成粉浆，备用。
2. 奶酪切碎后塞入鸡翅小腿中备用。
3. 将鸡翅小腿均匀沾裹上粉浆备用。
4. 热锅，倒入适量的油，油温热至150℃时，将鸡翅小腿放入油锅中，以中火炸至表面金黄且熟透即可。

199 芝麻奶酪炸鸡

材料 · ingredient

鸡胸肉……………1片
奶酪丝……………10克

调味料 · seasoning

A. 盐………… 1/4小匙
细砂糖 ····· 1/4小匙
蛋液……… 20毫升
牛奶……… 20毫升
B. 白芝麻 ……… 10克
低筋面粉 ···1/2大匙

做法 · recipe

1. 鸡胸肉去皮后划蝴蝶刀，于鸡胸肉的内侧放上奶酪丝，再将盖上鸡胸肉，备用。
2. 调味料A混合拌匀，放入鸡胸肉沾裹均匀取出。
3. 调味料B混合拌匀，放入鸡胸肉沾裹均匀取出。
4. 热锅，倒入适量的油，油温热至150℃时，将鸡胸肉放入油锅中，以中火炸至表面金黄且熟透，取出对切即可。

200 西红柿奶酪炸鸡

材料 · ingredient

鸡翅小腿…………4只

调味料 · seasoning

A. 盐………… 1/4小匙
蛋液…………10毫升
番茄酱 ……… 2大匙
B. 面包粉 ……… 2大匙
奶酪粉 ·····1/2大匙

做法 · recipe

1. 调味料A混合拌匀，放入鸡翅小腿沾裹均匀取出。
2. 调味料B混合拌匀，放入鸡翅小腿沾裹均匀取出。
3. 热锅，倒入适量的油，油温热至150℃时，将鸡翅小腿放入油锅中，以中火炸至表面金黄且熟透即可。

201 咖喱炸鸡

材料 · ingredient

鸡腿……………80克

调味料 · seasoning

A.盐……………1/4小匙
椰奶…………20毫升
咖喱粉…………1大匙
B.大蒜粉………1/4小匙
自制脆浆粉……2大匙
·（做法请参考P11）

做法 · recipe

1. 调味料A混合拌匀；调味料B拌匀成炸粉；鸡腿切块，备用。
2. 将鸡腿块加入调味料A腌约20分钟。
3. 再将鸡腿块均匀沾裹上炸粉备用。
4. 热锅，倒入适量的油，油温热至150℃时，将鸡腿块放入油锅中，以中火炸至表面金黄且熟透即可。

202 椰奶炸鸡

材料 · ingredient

鸡翅··················80克

调味料 · seasoning

A.椰奶·········· 30毫升
  盐············ 1/4小匙
  蛋液···········10毫升
  牛奶···········10毫升
B.卡士达粉···· 2大匙
  自制脆浆粉 ··1大匙
  （做法请参考P11）
C.柠檬胡椒粉 ··· 适量

做法 · recipe

1. 调味料A混合拌匀；调味料B拌匀成炸粉，备用。
2. 将鸡翅加入混匀的调味料A中腌约10分钟后取出备用。
3. 将鸡柳条均匀沾裹上拌匀的炸粉备用。
4. 热锅，倒入适量的油，油温热至180℃时，将鸡翅放入油锅中，以中火炸至表面金黄且熟透，捞起撒上柠檬胡椒粉即可。

203 肉桂苹果炸鸡翅

材料。ingredient

鸡翅……………………80克
苹果……………………20克

调味料。seasoning

鸡粉………… 1/4小匙
玉米淀粉………1大匙
肉桂粉 ……… 1/4小匙

做法。recipe

1. 苹果磨成泥备用。
2. 将鸡翅洗净沥干均匀后，均匀沾裹上苹果泥备用。
3. 将鸡粉、玉米淀粉、肉桂粉混合拌匀成炸粉备用。
4. 将鸡翅沾裹上炸粉。
5. 热锅，倒入适量的油，油温热至150℃时，将鸡翅放入油锅中，以中火炸至表面金黄且熟透即可。

204 迷迭香草鸡块

材料。ingredient

鸡腿…………………3只

调味料。seasoning

迷迭香碎……1/2小匙
水 ………………10毫升
细砂糖 ……… 1/4小匙
鸡粉…………1/2小匙
白酒……………10毫升
欧芹碎 …………… 少许
低筋面粉……… 2大匙

做法。recipe

1. 鸡腿切成适当大小块状备用。
2. 将所有调味料混合拌匀成炸粉备用。
3. 将鸡腿块均匀沾上炸粉备用。
4. 热锅，倒入适量的油，油温热至150℃时，将鸡腿块放入油锅中，以中火炸至表面金黄且熟透即可。

205 奶香脆皮炸鸡腿

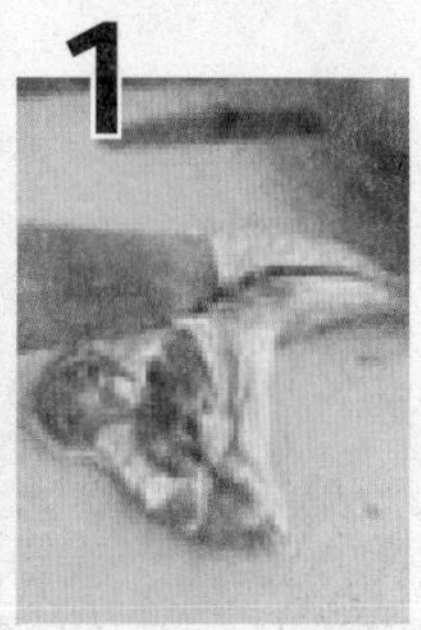
1

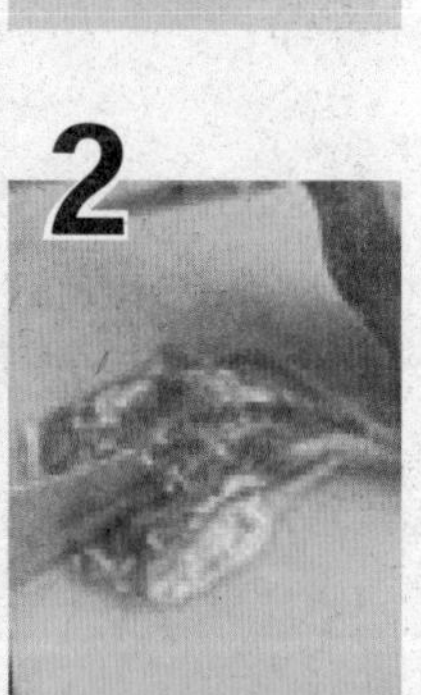
2

3

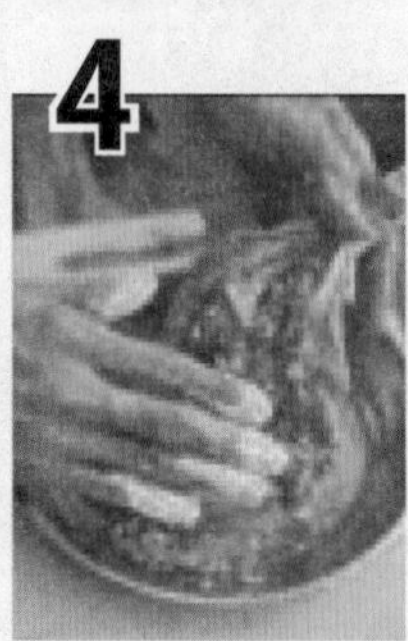
4

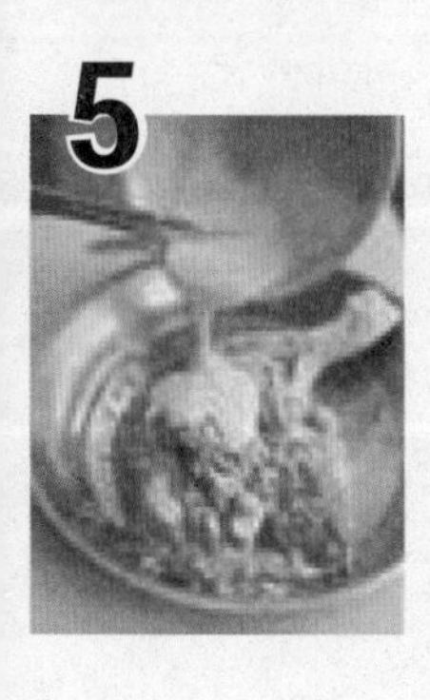
5

材料 • ingredient

A.鸡腿2只
B.牛奶1大匙，牛油1小匙，鸡粉1/10小匙，盐少许
C.淀粉（树薯淀粉）少许，水适量

炸粉 • fried flour

鸡蛋1个，自制脆浆粉1大匙（做法请参考P11），水少许

腌料 • pickle

葱段40克，姜片40克，细砂糖少许，米酒1小匙，鸡粉1/4小匙，盐1小匙，奶粉1小匙

做法 • recipe

1. 将鸡腿洗净，对切（见图1），去骨头（见图2）以所有腌料腌约30分钟至入味；材料C调成水淀粉；将炸粉材料调合成面糊（见图3），均匀裹鸡腿上（见图4），备用。
2. 取一中华锅，倒入约1/2锅的油量，以中火烧热后，放入鸡腿，随即转小火炸约4分钟，再转回中火炸约1分钟即可捞起沥干油脂备用。
3. 另取一锅，在锅内放入牛油，再加入牛奶、盐和鸡粉一起煮开，再以水淀粉勾芡即为奶香酱，搭配炸鸡腿食用即可。

206 泰式香辣翅小腿

材料 ◦ ingredient

鸡翅小腿········300克
低筋面粉········2大匙

调味料 ◦ seasoning

A.黑胡椒····················少许
香蒜粉····················1小匙
米酒·······················1大匙
辣椒粉····················少许
鱼露·······················2小匙
细砂糖····················1小匙
B.泰式辣味甜鸡酱.......1大匙

做法 ◦ recipe

1. 鸡翅小腿洗净加入调味料A拌匀腌渍约15分钟，均匀沾上低筋面粉。
2. 取一锅，倒入适量的色拉油（材料外），以中火将油温烧至170℃，将鸡翅小腿放入锅中，炸约6分钟后取出，沥干油分。
3. 趁鸡翅小腿温热时加入泰式甜辣鸡酱拌匀即可。

207 黄金风翅

材料 ◦ ingredient

鸡翅····················6只

炸粉 ◦ fried flour

中筋面粉········3大匙
淀粉（树薯淀粉）
·····················2大匙
色拉油············1大匙

腌料 ◦ pickle

盐····················1小匙
细砂糖··········1/2小匙
米酒·················1大匙
水············1000毫升
葱·······················1根
姜·······················2片
八角····················1粒

做法 ◦ recipe

1. 鸡翅洗净并沥干水分后加入所有腌料腌约10分钟备用。
2. 将炸粉的所有材料混合拌匀后，将鸡翅放入其中裹匀备用。
3. 热一锅，于锅中另放入1500毫升的油，待油烧热至约140℃后，将鸡翅放入锅中油炸10~12分钟，至鸡翅表皮呈金黄色即可。

208 椰汁炸鸡腿

材料。ingredient

棒棒腿……………3只
姜…………………5克

炸粉。fried flour

自制脆浆粉……50克
（做法请参考P11）
鸡蛋………………1个

腌料。pickle

蒜头粉…………1小匙
盐………………… 少许
白胡椒粉……… 少许
椰浆…………50毫升

做法。recipe

1. 姜切片；棒棒腿洗净，再使用菜刀侧边划一刀见骨，和姜片一起放入滚水中汆烫过水备用。
2. 取一个容器加入所有的腌料混匀，再放入汆烫好的棒棒腿腌约30分钟。
3. 取一容器加入腌渍棒棒腿的剩余腌料酱汁，再加入炸粉的所有材料搅拌均匀成脆浆面糊。
4. 将腌好的棒棒腿放入脆浆面糊中，均匀裹上面糊，放入190℃的油锅中炸2～3分钟成金黄色即可捞起。

美味小秘诀

炸鸡腿要炸得美观有秘诀。记得油烧热后，不要急着把鸡腿丢进去，要用拖曳法，拿着鸡腿慢慢的在油锅里来回拖动，把面衣压一压，这样炸鸡腿的面衣才不会整个泡起来。

209 腐乳炸鸡腿

材料 · ingredient

棒棒腿……………2只

炸粉 · fried flour

鸡蛋…………………1个

自制脆浆粉……50克

（做法请参考P11）

水……………… 30毫升

腌料 · pickle

盐………………… 少许

白胡椒粉……… 少许

豆腐乳……………2块

酱油膏………… 2大匙

细砂糖…………1小匙

香油……………1大匙

做法 · recipe

1. 棒棒腿洗净，用刀将棒棒腿侧边划一刀见骨（见图1），放入腐乳腌制备用（见图2）。
2. 将鸡蛋和脆浆粉、调料混合一起搅拌（见图3）；将棒棒腿放入混合的腌料中腌渍约30分钟备用（见图4）。
3. 将腌好的棒棒鸡均匀沾上混匀的炸粉材料，放入油温约190℃的油锅中（见图5），炸2~3分钟至金黄熟成即可。

美味小秘诀

鸡腿面衣沾裹得好，鸡腿就能炸得完整酥脆。炸粉调匀后，面糊不能太稀，不然就无法覆着在鸡腿上，面糊太稠，鸡腿炸起来面衣就会太厚。

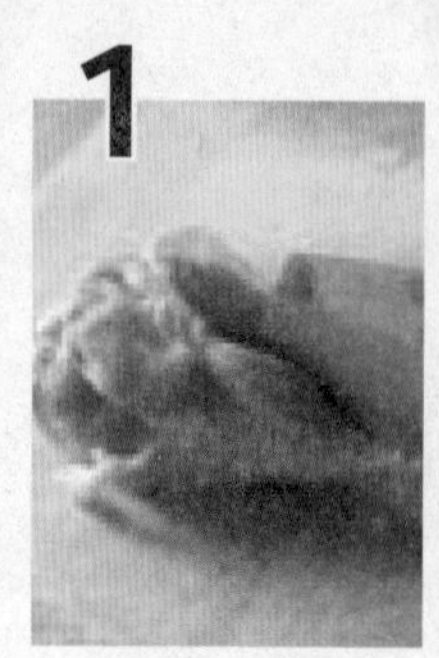
1

2

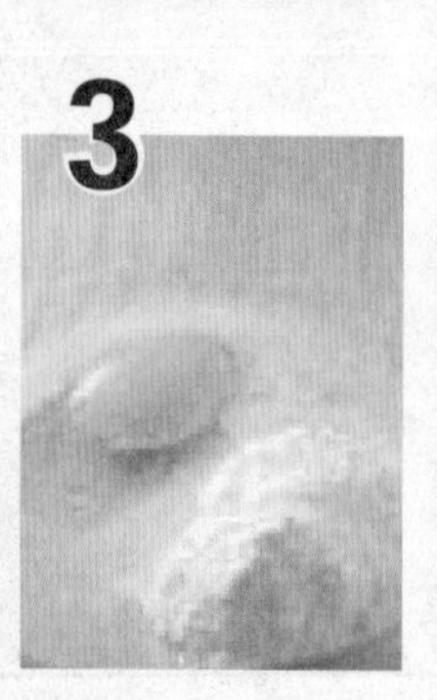
3

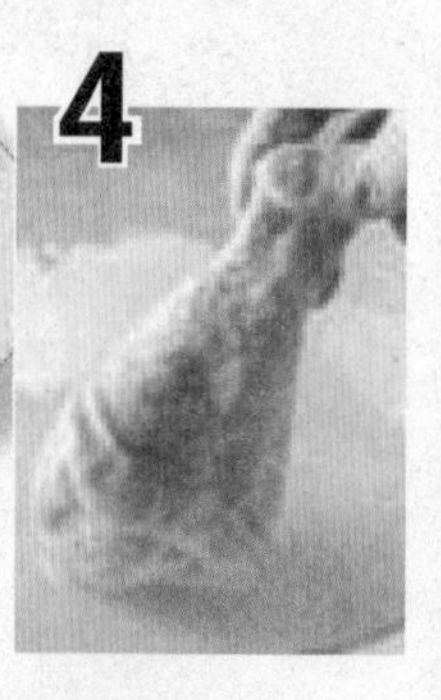
4

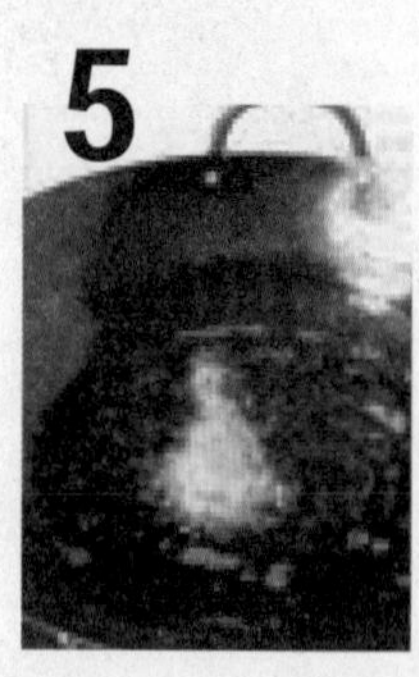
5

210 玫瑰鸡腿

材料 · ingredient

鸡腿…………… 250克
泰式甜辣酱 …… 适量

腌料 · pickle

盐 ………………1小匙
细砂糖 ………1/2小匙
玫瑰露酒………1大匙
玫瑰花 ……………1朵
白胡椒粉……1/2小匙
香油 ……………1大匙
水 ………… 500毫升

做法 · recipe

1. 鸡腿洗净并沥干水分后，加入所有腌料腌约10分钟，取出放入盘中备用。
2. 热一锅，锅中放入水后放入蒸笼，水煮沸后再将鸡腿放入蒸笼中蒸约10分钟备用。
3. 另热一锅，放入500毫升的油烧热至约150℃后，将鸡腿放入锅中油炸至金黄色捞出即可。

备注：可蘸泰式甜辣酱食用。

211 蒜香鸡

材料 · ingredient

肉鸡腿3只，去皮蒜仁50克，面粉10克，淀粉（树薯淀粉）30克，吉士粉5克，鸡蛋1个，油300毫升，水200毫升

调味料 · seasoning

盐1小匙，细砂糖1/2小匙，米酒1大匙

做法 · recipe

1. 肉鸡腿洗净切块；去皮蒜仁加水用果汁机打成汁，过滤渣留汁备用。
2. 将蒜汁加入所有调味料，放入肉鸡腿块腌约6小时备用。
3. 倒掉多余蒜汁，加入面粉、淀粉、吉士粉、鸡蛋拌匀。
4. 热一锅，倒入油加热至约160℃，放入肉鸡腿块，以中火炸约6分钟至表面金黄后捞出即可。

212 咖喱炸鸡

材料◦ingredient

A.鸡胸肉600克

B.自制脆浆粉1大匙（做法请参考P11），鸡蛋1个，水少许

C.洋葱丁40克，葱末40克，牛油少许，咖喱粉1小匙，细砂糖少许，牛奶1/4匙，水1大匙，淀粉（树薯淀粉）少许

腌料◦pickle

洋葱末40克，葱末40克，姜末40克，咖喱粉1小匙，鸡粉1/4小匙，米酒1小匙，盐1/4小匙

做法◦recipe

1. 鸡胸肉洗净切块，以所有腌料腌约20分钟；淀粉与适量的水（分量外）调成水淀粉备用。
2. 将材料B调成面糊状，再与鸡肉块拌匀，使每块鸡肉都均匀裹上一层面糊。
3. 热锅，放入牛油，洋葱丁、葱末爆香，加入咖喱粉、细砂糖调味，再加上牛奶及1大匙水，最后以水淀粉勾芡即完成酱汁。
4. 另取一中华锅，倒入约1/2锅的油量，以中火烧热后，放入鸡块后，随即转小火炸约3分钟，再转为中火炸约1分钟至表面呈金黄色时即可捞起沥干油脂，并与酱汁搭配食用。

213 味噌炸鸡

材料◦ingredient

A.鸡胸肉600克，低筋面粉1大匙

B.味噌1小匙，水1大匙，柴鱼片少许，细砂糖少许，鸡粉少许，淀粉（树薯淀粉）少许

腌料◦pickle

味噌40克，细砂糖1小匙，胡椒粉少许，鸡粉1小匙

做法◦recipe

1. 鸡胸肉洗净切块，以所有腌料腌约20分钟；淀粉加适量的水（分量外）调成水淀粉备用。
2. 将鸡块拍上少许低筋面粉备用。
3. 在锅中放入1大匙水煮热，加入味噌拌匀后，再加上细砂糖、鸡粉煮至滚沸时，再以水淀粉勾芡，最后撒上柴鱼片即完成酱汁。
4. 取一中华锅，倒入约1/2锅的油量，以中火烧热后，放入鸡块后，随即转小火炸约3分钟，再转为中火炸约1分钟即可捞起沥干脂，并与酱汁搭配食用。

214 洋葱鸡块

材料 ◦ ingredient

A.鸡胸肉1副
B.自制脆浆粉1大匙（做法请参考P11），鸡蛋1/2个，水1小匙
C.胡椒盐适量

腌料 ◦ pickle

洋葱末40克，姜末40克，葱末40克，生抽1小匙，米酒1小匙，鸡粉1/2小匙，胡椒粉少许

做法 ◦ recipe

1. 将鸡胸肉洗净切块，再以所有腌料腌约20分钟至入味备用。
2. 将材料B调合成面糊，再均匀裹于鸡胸肉块上。
3. 取一中华锅，倒入约1/2锅的油量，以中火烧热后，放入鸡胸肉块后，随即转小火炸约2分钟，再转回中火炸约1分钟即捞起沥干油脂，撒上适量的胡椒盐即可。

215 琵琶鸡腿

材料◦ingredient

鸡腿……………………2只
低筋面粉………1大匙
鸡蛋……………………1个
水 ………………… 少许

腌料◦pickle

葱末……………… 少许
姜末……………… 少许
生抽……………1小匙
白砂糖………… 少许
米酒……………1小匙
鸡粉………… 1/4小匙
黑胡椒粉……… 少许

做法◦recipe

1. 将鸡腿洗净，从鸡腿内侧中间以刀划过（不要切断），再将两侧的鸡肉切开摊平，再以所有腌料腌约30分钟至入味备用。
2. 把低筋面粉、鸡蛋和水调合成面糊，均匀裹在鸡腿上。
3. 取锅，倒入约1/2锅的油量，以中火烧热后，放入鸡腿后，随即转小火炸约4分钟，再转回中火炸约1分钟即可。

备注：若要将鸡骨完全取出，则需在油炸完后再取出较为适宜，因为鸡腿肉才不会在油炸的过程中，缩小变形，吃起来的口感也会较好。

216 传统古早味鸡块

材料◦ingredient

鸡腿……………………2只
自制脆浆粉 …… 少许
（做法请参考P11）
鸡蛋……………………1个
低筋面粉………1大匙
水 ………………… 少许

腌料◦pickle

葱末……………… 少许
姜末……………… 少许
生抽……………1小匙
米酒……………1小匙
黑胡椒粉……… 少许
鸡粉……………1小匙

做法◦recipe

1. 将鸡腿洗净，以所有腌料腌约30分钟至入味备用。
2. 将低筋面粉、鸡蛋和水调合成面糊，裹在鸡腿上。
3. 将鸡腿拍上少许脆浆粉，准备下锅油炸。
4. 取一中华锅，倒入约1/2锅的油量，以中火烧热后，放入鸡腿后，随即转小火炸约4分钟，再转回中火炸约1分钟即可。

217 七里香

材料 · ingredient

鸡屁股15个，卤包1个，竹签3支

调味料 · seasoning

A.水1500毫升，酱油100毫升，冰糖2大匙，白胡椒粉少许，米酒3大匙

B.胡椒盐1小匙

做法 · recipe

1. 取汤锅加入卤包和所有调味料A，大火煮开放入鸡屁股，以小火卤约40分钟后捞出。
2. 将做法1材料放凉后分切小块，取5~6个串成一串。
3. 将串好的鸡屁股放入180℃的热油中以中火炸约4分钟，至外观呈酥脆状时捞出沥油，并趁热撒上胡椒盐即可。

218 香柠炸鸡

材料 · ingredient

A.鸡胸肉320克，面包粉少许，水适量

B.鸡蛋1个，吉士粉1小匙，低筋面粉2大匙，细砂糖3克，盐10克

C.柠檬2个，细砂糖30克，醋少许，淀粉（树薯淀粉）1小匙，水2小匙

做法 · recipe

1. 材料B调均匀成面糊；鸡胸肉洗净，与面糊拌匀。
2. 把鸡胸肉拍上薄薄的一层面包粉，以130℃的小火炸约5分钟。
3. 切少许柠檬表皮，再将一颗柠檬挤成柠檬汁备用。
4. 将另一颗柠檬果肉挖出，加上细砂糖、醋和柠檬汁与柠檬皮，以淀粉和水勾薄芡即成酱汁。
5. 将鸡胸肉切片，淋上酱汁搭配食用即可。

219 酥炸南乳鸡

材料 · ingredient

A.鸡肉320克

B.淀粉（树薯淀粉）1小匙，低筋面粉1大匙，水适量

C.色拉油1小匙

腌料 · pickle

鸡蛋1个，南乳1/4块，细砂糖少许，鸡粉少许，香油少许

做法 · recipe

1.将鸡肉洗净后切片，以所有腌料腌渍约30分钟至入味备用。

2.将材料B混合均匀成面糊后，与鸡肉片一起拌匀，使鸡肉表面均匀裹上一层面糊，再加入1小匙色拉油拌匀。

3.取锅，倒入约1/2锅的油以中火烧热，放入鸡肉片，改转小火炸约2分钟，再转中火炸约1分钟，至外表呈金黄色即可。

220 香草炸鸡块

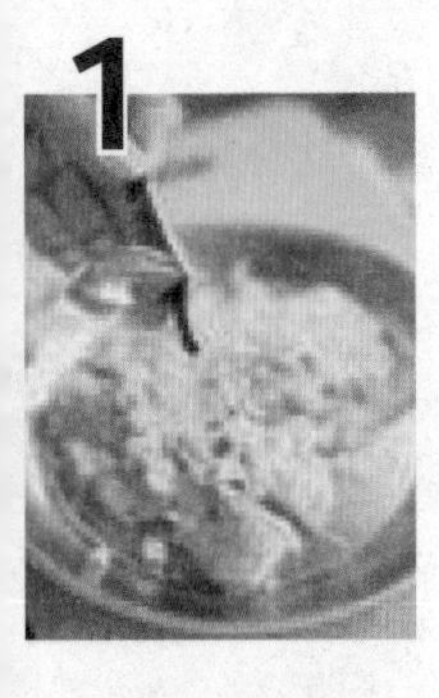

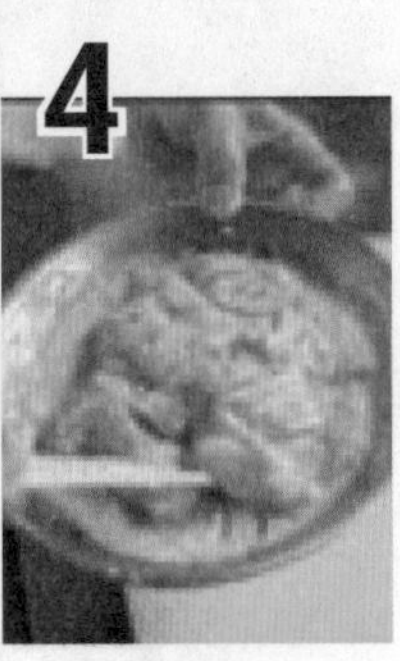

材料 · ingredient

鸡肉600克，鸡蛋2个，低筋面粉100克，淀粉（树薯淀粉）20克，水适量，香草酱汁适量

腌料 · pickle

香草条1条，姜末40克，葱末40克，盐15克，鸡粉5克

做法 · recipe

1. 将鸡肉洗净切块，用所有腌料（见图1），与鸡肉块一起拌匀（见图2），腌渍约1小时至入味。
2. 将鸡蛋、低筋面粉、淀粉及水均匀调和成面糊，与鸡肉块一起拌匀（见图3），使鸡肉块表面均匀裹上一层面糊（见图4）。
3. 取一中华锅，倒入约1/2锅的油量，以中火烧热后再将鸡肉放入烧热的油锅中，随即转小火炸约2分钟，再转成中火炸1分钟，把油逼出后立刻捞起沥干油脂，搭配香草酱汁即可。

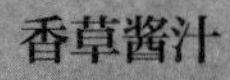

香草酱汁

材料：

香草条1/2条，盐少许，细砂糖少许，牛奶300毫升，蛋黄1个

做法：

1.在锅内倒入约1/3锅的水量，烧热备用。
2.另取牛奶，以热水隔水加热牛奶（见图5）。
3.将细砂糖、盐、香草条、蛋黄加入牛奶中，轻轻搅拌混和均匀即可。

221 超大大鸡排

材料。ingredient

无骨鸡胸肉1/2块

炸粉。fried flour

地瓜粉1杯

调味料。seasoning

A.葱15克，姜15克，蒜仁40克，酱油膏1大匙，五香粉1/8小匙，米酒1大匙，小苏打粉1/4小匙，细砂糖1小匙，水60毫升

B.椒盐粉1小匙

做法。recipe

1. 鸡胸肉洗净后去皮，从侧边1/3处横剖到底不切断，再将厚的一块片到底，但不切断，成一大片备用。
2. 将调味料A一起放入果汁机搅打约30秒滤去渣成腌汁。
3. 将鸡胸肉放入腌汁中腌渍30分钟后，捞出鸡胸肉，以按压的方式将二面均匀沾裹地瓜粉后，轻轻抖掉多余的粉，静置约1分钟待回潮。
4. 热油锅，待油温烧热至约180℃，放入鸡排以中火炸约2分钟至表皮成金黄酥脆时，捞出沥干油，最后撒上椒盐粉即可。

222 中式脆皮鸡腿

材料 • ingredient

鸡腿……………………2只
葱………………………2根
姜………………………3克

调味料 • seasoning

A.麦芽………… 2大匙
白醋………… 4大匙
水……… 200毫升
B.椒盐粉………1大匙
米酒……… 20毫升

做法 • recipe

1. 鸡腿洗净沥干；调味料A的麦芽、白醋与水用小火煮至溶解，混和均匀即是麦芽醋水，备用。
2. 葱与姜以刀背拍破，与1大匙椒盐粉及米酒抓匀，加入鸡腿沾裹均匀，并放入冰箱冷藏腌渍约2小时。
3. 接着将鸡腿从冰箱取出，放入滚水中汆烫1分钟后取出，趁热将鸡腿放入麦芽醋水中沾裹均匀，再用钩子吊起鸡腿晾约6小时至表面风干。
4. 热锅，倒入约500毫升的色拉油（材料外），待油温热至约120℃，取下鸡腿，放入锅中以中火炸约12分钟至表皮呈酥脆金黄色后，起锅沥油，再将鸡腿切小块装盘，沾椒盐粉（材料外）食用即可。

223 芝麻炸鸡块

材料 • ingredient

去骨鸡腿肉 ···· 300克
白芝麻…………1小匙

调味料 • seasoning

蒜泥……………1大匙
酱油……………1大匙
鸡蛋…………………1个
淀粉（树薯淀粉）
……………………1大匙
面粉……………1大匙

做法 • recipe

1. 去骨鸡腿肉切小块，加入蒜泥、酱油、鸡蛋抓匀，再加入淀粉及面粉拌匀，放入白芝麻略拌，备用。
2. 热锅，加入约500毫升色拉油烧热至约160℃，将鸡块依序下锅，以中火炸约2分钟至表面略金黄定型后，捞出沥干油分，备用。
3. 再将油锅持续加热至约180℃，再次将鸡块入锅，以大火炸约1分钟至颜色变深、表面酥脆后，捞起沥油盛盘即可（盛盘后可另加入生菜叶、西红柿片装饰）。

224 脆皮炸鸡腿

材料 · ingredient

大鸡腿……………1只
熟西蓝花………… 适量

炸粉 · fried flour

面粉………………50克
鸡蛋…………………1个
盐 ………………… 少许
白胡椒粉………… 少许
水 ………………… 适量

腌料 · pickle

姜末…………………5克
蒜末…………………2粒
五香粉 …………1小匙
酱油……………1小匙
盐 ………………… 少许
白胡椒粉………… 少许

做法 · recipe

1. 大鸡腿洗净，再用菜刀将大鸡腿侧边划一刀见骨，再放入滚水中汆烫过水备用。
2. 取一个容器加入腌料所有材料拌匀，再加入汆烫好的大鸡腿腌约30分钟。
3. 取一个容器混合炸粉的所有材料成面糊，再放入腌好的大鸡腿轻轻的沾裹面糊。
4. 将大鸡腿放入油温约190℃的油锅中，炸5～6分钟成金黄色盛盘，再放上熟西蓝花装饰即可。

225 百里香鸡翅

材料 · ingredient

百里香 ……… 1/4小匙
鸡翅…………………3只
蒜碎………………20克
洋葱碎 …………40克
低筋面粉………… 适量

调味料 · seasoning

酱油…………… 3大匙
白酒…………… 3大匙
黑胡椒粉………1小匙

做法 · recipe

1. 将鸡翅洗净，放入大碗中，加入蒜碎、洋葱、百里香与调味料，拌匀后腌约30分钟备用。
2. 取出鸡翅，表面均匀沾上一层低筋面粉，放入加热至约180℃的热油中，以中大火炸至颜色呈金黄色后捞起，沥干油分即可。

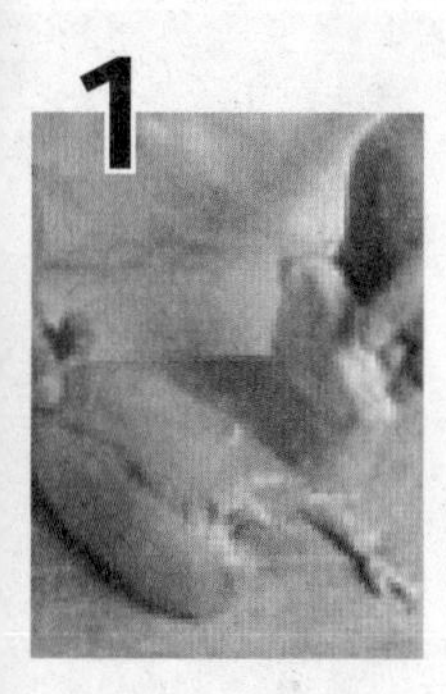

226 带骨大鸡排

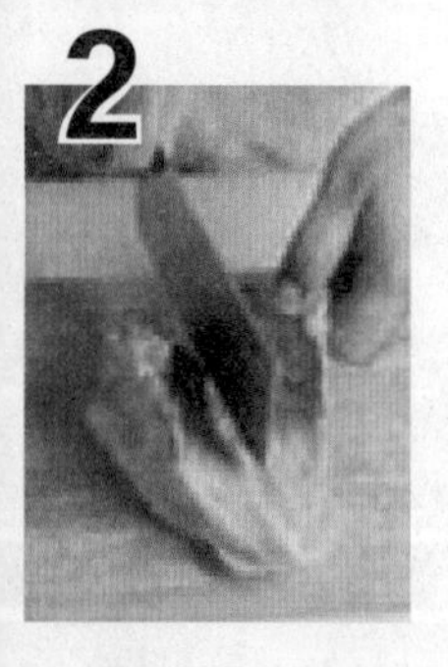

材料。ingredient

带骨鸡胸肉1/2块，地瓜粉2杯

调味料。seasoning

胡椒盐适量

腌料。pickle

A.葱2根，姜10克，蒜仁40克，水100毫升

B.五香粉1/4小匙，细砂糖1大匙，酱油膏1大匙，小苏打1/4小匙，米酒2大匙

做法。recipe

1. 鸡胸肉洗净去皮（见图1），从胸骨中间对切（见图2）。
2. 从鸡胸肉侧面沿着骨头横剖到底（见图3），取一半带骨肉外层下来（见图4），不要切断，成一大片（见图5），再片另一半。
3. 将葱、姜、蒜仁一起放入果汁机中加入水打成汁。
4. 将打好的汁用滤网将渣滤掉。
5. 再加入所有腌料B，拌匀后成腌汁。
6. 将鸡排放入腌汁中，盖好后放入冰箱冷藏，腌约2小时。
7. 将腌好的鸡排取出，放入地瓜粉用手掌按压让粉沾紧。
8. 将鸡排翻至另一面，同样略按压后，拿起轻轻抖掉多余的粉，再静置约1分钟使粉回潮。
9. 热一锅油至180℃，放入鸡排，炸约2分钟至表面金黄起锅，撒上胡椒盐即可食用。

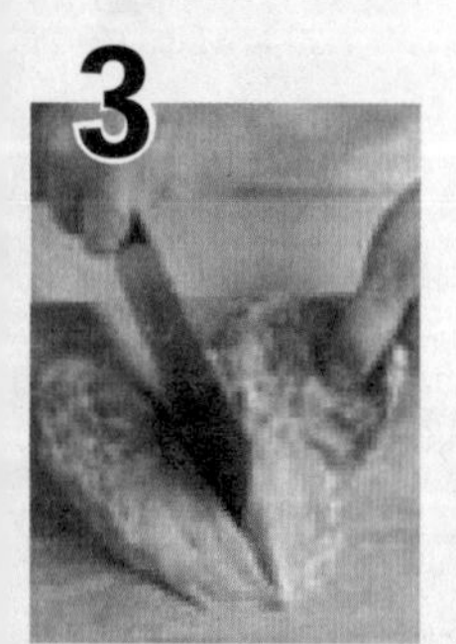

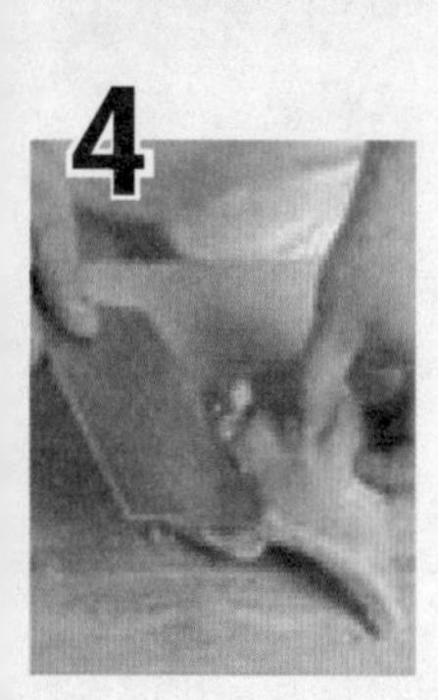

227 香酥脆皮鸡排

材料◦ingredient

鸡胸肉1/2块

炸粉◦fried flour

面粉1/2杯，玉米淀粉1杯，吉士粉1/4杯，白芝麻2大匙，香蒜粉1大匙，白胡椒粉1小匙，盐1小匙，鸡精粉1小匙，细砂糖1小匙，水3/4杯

腌料◦pickle

香芹粉1/2小匙，香蒜粉1/2小匙，洋葱粉1小匙，盐1/2小匙，细砂糖1小匙，小苏打1/4小匙，水100毫升，米酒1大匙

调味料◦seasoning

胡椒盐适量

做法◦recipe

1. 鸡胸肉去皮，从鸡胸肉侧面中间横剖到底，但不要切断，成一大片。
2. 将腌料所有材料一起拌匀成腌汁，将鸡排放入腌汁中腌约2小时。
3. 取一容器，依序放入面粉、玉米淀粉、吉士粉、盐、鸡精粉、糖、香蒜粉、白胡椒粉拌匀。
4. 继续加入白芝麻，再加入3/4杯水调匀成面糊。
5. 热一锅油至160℃，取出腌好的鸡排，放入面糊中沾匀。放入油锅，中火炸约3分钟至表面金黄起锅，取出沥油撒上胡椒盐即可食用。

228 传统炸鸡腿

材料 ◦ ingredient

鸡腿2只，蒜泥20克，姜泥15克

调味料 ◦ seasoning

盐1/4小匙，细砂糖1小匙，五香粉1/2小匙，水50毫升，米酒1大匙

炸粉 ◦ fried flour

地瓜粉100克，吉士粉15克，鸡蛋1个，水130毫升

做法 ◦ recipe

1. 鸡腿洗净后在腿内侧骨头两侧用刀划深约1厘米的切痕；炸粉混合成粉浆，备用。
2. 所有调味料及蒜泥、姜泥一起拌匀成腌汁。
3. 将鸡腿放入腌汁中腌渍30分钟后，取出鸡腿。
4. 热一油锅，待油温烧热至约160℃，将鸡腿沾裹上粉浆后放入，以中火炸约15分钟至表皮成金黄酥脆时捞出沥干油即可。

229 卡拉炸鸡腿

材料 · ingredient

棒棒腿……………2只

调味料 · seasoning

A. 盐…………1/4小匙
   牛奶…………20毫升
   蛋液…………20毫升
   蒜泥…………1/4小匙
B. 自制脆浆粉…2大匙
   （做法请参考P11）
   胡椒盐…………适量

做法 · recipe

1. 将棒棒腿加入混合均匀的调味料A，腌约30分钟后取出。
2. 将棒棒腿均匀沾裹脆浆粉备用。
3. 热锅，倒入适量的油，油温热至150℃时，将棒棒腿放入油锅中，以中火炸至表面金黄且熟透，起锅撒上胡椒盐即可。

230 干粉炸鸡排

1

材料。ingredient

鸡胸肉1块

炸粉。fried flour

地瓜粉1杯

腌料。pickle

A.葱15克，姜15克，米酒1大匙，水60毫升

B.酱油膏1大匙，五香粉1/8小匙，细砂糖1大匙，蒜泥40克

做法。recipe

1. 先将鸡胸肉洗净后去皮，对切开，取其中一半部分，从1/3处横切到底不切断（见图1），再将厚的一块片切到底但不切断，成一大片备用。
2. 将腌料A中的葱、姜、米酒和水一起放入果汁机中（见图2），搅打约30秒后以滤网去渣，再加入腌料B中的酱油膏、五香粉、细砂糖和蒜泥，混合拌匀成腌汁。
3. 将鸡胸肉放入腌汁中（见图3），盖上保鲜膜，静置腌渍约1小时后，捞出鸡胸肉稍微沥干。
4. 取一大容器，放入地瓜粉，将腌好的鸡排放入，以按压的方式，均匀地沾裹地瓜粉后静置30秒反潮，备用（见图4）。
5. 热一锅油，待油温烧热至约180℃，放入鸡排（见图5），以中火炸约5分钟至表皮成金黄酥脆，再捞起沥干油分即可。

2

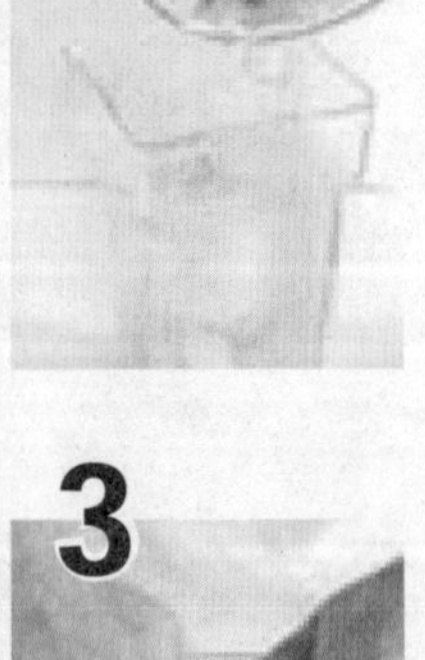

3

4

5

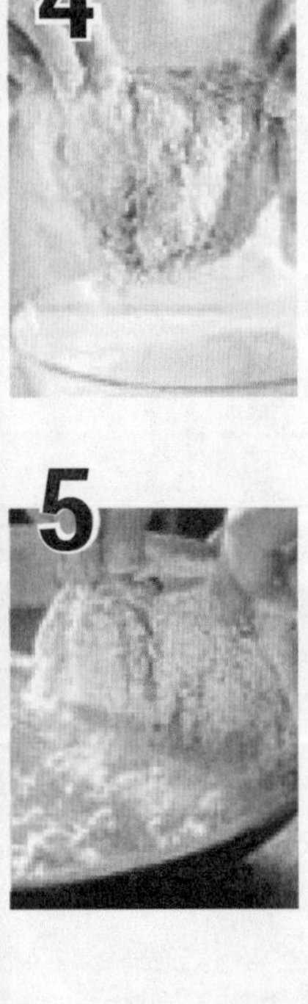

231 辣味脆皮炸鸡腿

材料。ingredient

鸡腿……………………2只
低筋面粉………… 少许
自制脆浆粉…… 2大匙
（做法请参考P11）
鸡蛋……………………1个
水……………………少许
色拉油…………1小匙
小辣椒………………1根

腌料。pickle

洋葱片…………40克
姜片……………40克
葱………………………1根
花椒粉…………1小匙
小辣椒…………………4根
黑胡椒粉………… 少许
米酒……………… 少许
鸡粉……………… 少许
盐………………… 少许
香油……………1小匙

做法。recipe

1. 将鸡腿洗净切块，再用所有腌料腌约30分钟至入味备用。
2. 将脆浆粉、鸡蛋、水及切成丁状的小辣椒调合成糊状，再加上1小匙色拉油拌匀。
3. 于鸡腿上拍上少许低筋面粉，再裹上面糊。
4. 取一锅，倒入约1/2锅的油量，以中火烧热后，放入鸡腿，随即转小火炸约4分钟，再转回中火炸约1分钟至表面呈金黄色即可。

232 原味吮指炸鸡

材料。ingredient

鸡腿2只，自制脆浆粉1/2杯（做法请参考P11）

腌料。pickle

洋葱片40克，姜片40克，生抽1小匙，椒盐粉少许，鸡粉少许，米酒1小匙

做法。recipe

1.鸡腿洗净沥干，腌料混合拌匀，鸡腿放入腌料中腌渍30分钟备用。
2.将腌鸡腿均匀沾裹上脆浆粉。
3.热锅，倒入适量的色拉油（材料外），以中火烧热后，放入鸡腿，再转小火炸约3分钟，再转中火炸1分钟至表面呈金黄色即可。

美味小秘诀

“生抽”是粤语，指的是淡色酱油，另外还有“老抽”，指的是深色酱油。生抽颜色淡，但咸味却比老抽来得重，所以适合用来调味或当蘸酱。

233 酥炸鸡腿

材料。ingredient

鸡腿…………………1只

炸粉。fried flour

低筋面粉………… 适量
地瓜粉…………… 适量

腌料。pickle

盐……………… 1/4小匙
酱油……………1/2小匙
米酒………………1大匙
细砂糖…………1/2小匙

做法。recipe

1.鸡腿洗净，放入腌料中腌约15分钟，依序沾裹上低筋面粉及地瓜粉，备用。
2.热锅，倒入适量的色拉油，待油温热至约140℃，放入腌鸡腿，以小火将鸡腿炸至表面呈金黄酥脆，再转大火逼油至表皮呈金黄酥脆即可。

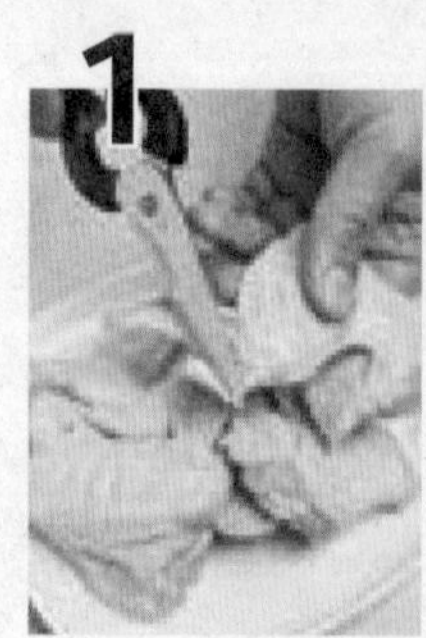

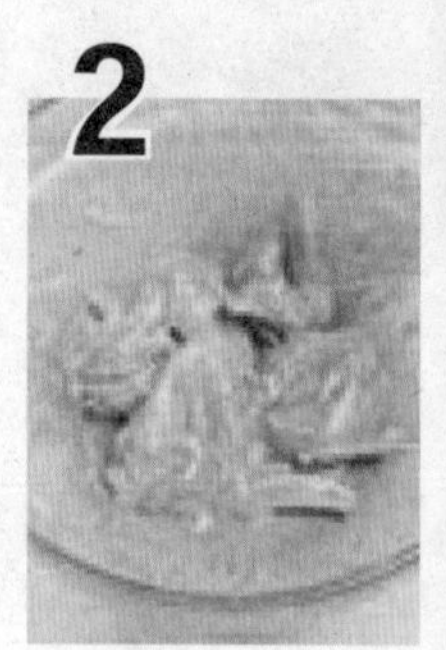

234 辣味炸鸡翅

材料◦ingredient

鸡翅5只

炸粉◦fried flour

玉米淀粉1/2杯，水25毫升

腌料◦pickle

盐1/2小匙，细砂糖1小匙，香蒜粉1/2小匙，洋葱粉1/2小匙，肉桂粉1/4小匙，辣椒粉1/2小匙，米酒1大匙

做法◦recipe

1.鸡翅洗净后剪去翅尖沥干备用（见图1）。
2.将所有腌料和炸粉材料一起放入盆中，拌匀成稠状腌汁（见图2）。
3.将鸡翅放入腌汁中腌渍1小时。
4.热油锅，待油温烧热至约180℃，放入腌渍好的鸡翅（见图3），以中火炸约13分钟，至表皮成金黄酥脆时捞出沥干油即可。

美味小秘诀

鸡翅的翅尖一般不食用，所以可以在腌渍前先剪除，也能让鸡翅较好入味。

235 腐乳鸡排

材料 ◦ ingredient

带骨鸡胸肉1块，胡椒盐适量

炸粉 ◦ fried flour

地瓜粉2杯

腌料 ◦ pickle

A.蒜仁20克，姜5克，水50毫升，蚝油1大匙，红腐乳60克

B.五香粉1/2小匙，米酒10毫升，细砂糖1小匙，鸡粉1/2小匙，小苏打1/4小匙

做法 ◦ recipe

1.带骨鸡胸肉去皮洗净，对剖成半，从侧面中间处横剖到底，但不要切断，片开鸡胸肉即为鸡排。

2.腌料A放入果汁机中打匀，加入腌料B调匀。

3.鸡排放入腌汁中，盖好保鲜膜，放入冰箱冷藏腌渍约2小时取出，沥除多余腌汁。

4.取鸡排放入炸粉中，用手掌按压让炸粉沾紧，翻至另一面，同样略按压后拿起，轻轻抖掉多余的炸粉。

5.鸡排静置约1分钟让炸粉回潮；热油锅至油温约180℃，放入鸡排炸约2分钟，待表面呈金黄酥脆状后起锅，撒上适量胡椒盐即可。

236 香辣鸡排

材料 ◦ ingredient

带骨鸡胸肉1块，胡椒盐适量

炸粉 ◦ fried flour

低筋面粉1/2杯，玉米淀粉1杯，粘米粉1/2杯，辣椒粉1大匙，香蒜粉2大匙

腌料 ◦ pickle

A.蒜仁80克，水100毫升

B.香芹粉1/2小匙，五香粉1/2小匙，辣椒粉1/2小匙，洋葱粉1小匙，盐1/2小匙，细砂糖1小匙，鸡粉1小匙，小苏打1/4小匙，米酒1大匙

做法 ◦ recipe

1.带骨鸡胸肉去洗净，对剖成半，从侧面中间处横剖到底，但不要切断，片开鸡胸肉即为鸡排。

2.腌料A放入果汁机中打匀，加入所有腌料B调匀成腌汁；所有炸粉材料拌匀，备用。

3.将鸡排放入腌汁，盖好保鲜膜，放入冰箱冷藏腌渍约2小时后取出，沥除多余腌汁。

4.取鸡排放入炸粉中，用手掌按压让炸粉沾紧，翻至另一面同样略按压后，拿起轻轻抖掉多余的炸粉。

5.鸡排静置约1分钟让炸粉回潮；热油锅至油温约180℃，放入鸡排炸约2分钟，待表面呈金黄酥脆状后起锅，撒上适量胡椒盐即可。

237 沙茶鸡排

材料 · ingredient

带骨鸡胸肉1块，胡椒盐适量

炸粉 · fried flour

地瓜粉1杯，吉士粉1/2杯

腌料 · pickle

A.葱2根，姜10克，蒜仁40克，水100毫升

B.五香粉1/4小匙，黑胡椒粉1小匙，沙茶酱1大匙，细砂糖1大匙，鸡粉1小匙，酱油膏1大匙，小苏打1/4小匙，米酒2大匙

做法 · recipe

1.带骨鸡胸肉洗净对剖成半，从侧面中间处横剖到底，不切断。
2.腌料A放入果汁机中打匀，加入所有腌料B调匀成腌汁；所有炸粉材料拌匀，备用。
3.将鸡排放入腌汁，盖好保鲜膜，放入冰箱冷藏腌渍约2小时后取出，沥除多余腌汁。
4.取鸡排放入炸粉中，用手掌按压让炸粉沾紧，翻至另一面同样略按压后拿起轻轻抖掉多余的炸粉。
5.鸡排静置约1分钟让炸粉回潮；热油锅至油温约180℃，放入鸡排炸约2分钟，待表面呈金黄酥脆状后起锅，撒上适量胡椒盐即可。

238 芝麻鸡排

材料 · ingredient

带骨鸡胸肉1块，胡椒盐适量

炸粉 · fried flour

白芝麻1大匙，淀粉（树薯淀粉）1/2杯

腌料 · pickle

A.葱2根，姜10克，蒜仁40克，水80毫升，芹菜30克

B.五香粉1/4小匙，细砂糖1大匙，鸡粉1小匙，小苏打1/4小匙，米酒2大匙，盐2克

做法 · recipe

1.带骨鸡胸肉去皮洗净，对剖成半，从侧面中间处横剖到底，但不要切断，片开鸡胸肉即为鸡排。
2.所有腌料A放入果汁机中加入水打成汁，用滤网将残渣滤除，再加入所有腌料B拌匀成腌汁。
3.将鸡排放入腌汁中，加入淀粉和白芝麻拌匀至呈浓稠糊状，盖上保鲜膜，放入冰箱冷藏腌渍约2小时。
4.热油锅至油温约180℃，放入腌渍好的鸡排炸约2分钟，至表面呈金黄酥脆状起锅，撒上适量胡椒盐即可。

239 小香鸡腿

材料 · ingredient

鸡腿……2只
自制脆浆粉……1大匙（做法请参考P11）
水……适量

腌料 · pickle

洋葱片……40克
葱……40克
姜片……2片
生抽……1小匙
米酒……1小匙
鸡粉……1/4匙
黑胡椒粉……少许

做法 · recipe

1.将鸡腿洗净，以所有腌料腌约20分钟至入味备用。
2.用脆浆粉加上水调和成面糊，再与鸡腿拌匀，使鸡腿表面裹上一层薄薄的面糊。
3.热油锅，以中火烧热后，将鸡腿放入油锅中后，随即转小火炸约4分钟，再转回中火炸约1分钟至外表呈金黄色时即可。

240 麻辣鸡翅

材料 · ingredient

鸡翅……8只
淀粉（树薯淀粉）……少许
辣椒粉……适量

腌料 · pickle

洋葱末……80克
葱末……40克
姜末……40克
生抽……1大匙
米酒……2大匙
黑胡椒粉……1小匙
花椒粉……1小匙

做法 · recipe

1.将鸡翅洗净，以所有腌料腌渍30分钟至入味备用。
2.将鸡翅外皮均匀裹上一层薄薄的淀粉。
3.热油锅，以中火烧热后，再将鸡翅放入油锅中后，随即转小火炸约3分钟，再转回中火炸约1分钟即可捞起沥干油脂，撒上适量辣椒粉即可食用。

241 酸奶炸鸡

材料◦ingredient

鸡翅小腿…………4只

调味料◦seasoning

盐……………1/4小匙
蒜粉…………1/4小匙
原味酸奶……30毫升
百里香叶………少许
低筋面粉………2大匙

做法◦recipe

1.将所有调味料混合拌匀成面糊备用。
2.将鸡翅小腿洗净沥干后，均匀沾上面糊备用。
3.热锅，倒入适量的油，油温热至150℃时，将鸡翅小腿放入油锅中，以中火炸至表面金黄且熟透即可。

242 炭烤炸鸡

材料◦ingredient

鸡胸肉…………80克

调味料◦seasoning

A.水…………20毫升
盐…………1/4小匙
白酒…………10毫升
酱油………1/4小匙
B.白芝麻………20克
淀粉（树薯淀粉）
……………1/2大匙
低筋面粉……1大匙

做法◦recipe

1.鸡胸肉去皮洗净备用。
2.将调味料A拌匀，放入鸡胸肉腌约10分钟备用。
3.于鸡胸肉中倒入调味料B拌匀备用。
4.热锅，倒入适量的油，油温热至150℃时，将鸡胸肉放入油锅中，以中火炸至表面金黄起锅备用。
5.再将鸡胸肉放入烤箱（或以炭火）略烤至表面焦香即可。

243 茴味鸡排

材料 ◦ ingredient

带骨鸡胸肉1块，胡椒盐适量

腌料 ◦ pickle

A.葱2根，姜10克，蒜仁40克，水80毫升

B.孜然粉1大匙，五香粉1/4小匙，细砂糖1大匙，鸡粉1小匙，酱油膏1大匙，小苏打1/4小匙，米酒2大匙

炸粉 ◦ fried flour

淀粉（树薯淀粉）1/2杯

做法 ◦ recipe

1.带骨鸡胸肉去皮洗净、对剖成半，从侧面中间处横剖到底，但不要切断，片开鸡胸肉即为鸡排。

2.所有腌料A放入果汁机中加入水打成汁，用滤网将残渣滤除，再加入所有腌料B拌匀成腌汁。

3.将鸡排放入腌汁中，加入淀粉拌匀至呈浓稠糊状，盖上保鲜膜，放入冰箱冷藏腌渍约2小时。

4.取出腌渍好的鸡排；热油锅至油温约180℃，放入鸡排炸约2分钟，至表面呈金黄酥脆状起锅，撒上适量胡椒盐即可。

244 奶酪鸡排

材料 ◦ ingredient

去骨鸡胸肉1/2片，奶酪丝40克

调味料 ◦ seasoning

盐1/6小匙，蒜末5克

炸粉 ◦ fried flour

鸡蛋1个，低筋面粉50克，面包粉100克

做法 ◦ recipe

1. 鸡蛋打成蛋液；去骨鸡胸肉去皮洗净、从侧面中间横剖到底，但不要切断，片开成一大片，备用。
2. 摊开鸡胸肉，均匀的撒上盐和蒜末。
3. 于鸡胸肉上铺上奶酪丝，将鸡胸肉对折包起即为奶酪鸡排。
4. 取奶酪鸡排先均匀沾上低筋面粉后裹上蛋液，再裹上面包粉并压紧。
5. 热油锅至油温约120℃，放入奶酪鸡排炸约3分钟，至表面呈金黄酥脆状即可。

245 塔塔酱鸡排

材料 ◦ ingredient

奶酪鸡排…………1块
（做法请参考P190）

腌料 ◦ pickle

美乃滋…………3大匙
鲜奶油…………1大匙
酸黄瓜碎………1大匙
欧芹末………1/2小匙
鸡蛋…………………1个

做法 ◦ recipe

1.鸡蛋洗净；煮一锅滚沸的水，放入鸡蛋煮至鸡蛋熟透捞出，放凉后去壳、剁碎，备用。
2.将水煮蛋碎加入其余调味料拌匀即为塔塔酱。
3.奶酪鸡排切小块盛盘，食用前蘸适量塔塔酱即可。

246 虾酱鸡排

材料 ◦ ingredient

带骨鸡胸肉1块，胡椒盐适量

炸粉 ◦ fried flour

淀粉（树薯淀粉）1/2杯

腌料 ◦ pickle

虾酱1大匙，姜10克，蒜仁40克，细砂糖1大匙，鸡粉1小匙，鱼露1大匙，小苏打1/4小匙，水50毫升，米酒1大匙

做法 ◦ recipe

1.带骨鸡胸肉去皮洗净，对剖成半，从侧面中间处横剖到底，但不要切断，片开鸡胸肉即为鸡排。
2.所有腌料材料放入果汁机中打匀成腌汁，备用。
3.将鸡排放入腌汁，加入淀粉拌匀至呈浓稠糊状，盖上保鲜膜，放入冰箱冷藏腌渍约2小时。
4.取出腌渍好的鸡排；热油锅至油温约180℃，放入鸡排炸约2分钟，至表面呈金黄酥脆状起锅，撒上适量胡椒盐即可。

247 咖喱鸡排

材料 · ingredient

带骨肉鸡胸1块，低筋面粉适量，胡椒盐适量

腌料 · pickle

A.葱2根，姜10克，蒜仁40克，水100毫升
B.咖喱粉1大匙，洋葱粉1大匙，辣椒粉1小匙，细砂糖1大匙，酱油膏1大匙，小苏打1/4小匙，米酒2大匙

炸粉 · fried flour

低筋面粉1/2杯，黄豆粉1/2杯，粘米粉1/2杯，盐1/2小匙，细砂糖1小匙，香蒜粉1大匙，白胡椒粉1/2大匙，水1杯

做法 · recipe

1.将所有炸粉材料拌匀成粉浆，备用。
2.带骨肉鸡胸去皮洗净，对剖成半，从侧面中间处横剖到底，但不要切断，片开鸡胸肉即为鸡排。
3.所有腌料A放入果汁机中打成泥，加入所有腌料B拌匀成腌汁。
4.将鸡排放入腌汁腌渍约20分钟，取出将两面均匀的沾上低筋面粉，再裹上粉浆。
5.热油锅油至油温约180℃，放入鸡排炸约2分钟，至表面呈金黄酥脆状起锅，撒上适量胡椒盐即可。

248 腐乳炸鸡块

材料 ◦ ingredient

去骨鸡胸肉1块

炸粉 ◦ fried flour

地瓜粉100克

腌料 ◦ pickle

红腐乳1大匙（约1小块），姜母粉1/4小匙，蒜香粉1/2小匙，细砂糖1大匙，米酒1大匙，水2大匙

做法 ◦ recipe

1.先将鸡胸肉洗净，再去皮切成小块。
2.将红腐乳压碎，再放入其余腌料混合调匀成腌汁。
3.鸡胸肉块放入腌汁中腌渍1小时。
4.捞出鸡胸肉块沥干，均匀沾裹地瓜粉后静置约30秒反潮备用。
5.热油锅，待油温烧热至约180℃，放入鸡胸肉块，以中火炸约3分钟至表皮成金黄酥脆，捞出沥干油，撒上椒盐粉即可。

249 脆皮鸡块

材料 ◦ ingredient

鸡腿肉300克

腌料 ◦ pickle

盐1/2小匙，胡椒粉1/4小匙，牛奶100毫升

炸粉 ◦ fried flour

鸡蛋2个，自制脆浆粉5大匙（做法请参考P11），色拉油2大匙

做法 ◦ recipe

1.鸡腿肉切块，加入所有腌料，盖上保鲜膜，腌渍约15分钟；所有炸粉材料拌匀备用。
2.将腌渍好的鸡腿块均匀裹上混匀的炸粉。
3.热一锅油以中火将油温烧热至约200℃，放入鸡腿块，炸8~10分钟，至表面成金黄酥脆状，取出沥干油即可。

美味小秘诀

脆浆粉可在超市购得，自制的话则简单又安全。

250 果香炸鸡腿

材料 • ingredient

鸡腿2只，蒜末50克，苹果1/2个，蜜梨1/2个，葱段15克，香菜梗5克，水50毫升

调味料 • seasoning

酱油1小匙，白胡椒粉1/4小匙，盐1小匙，米酒2大匙，细砂糖1小匙，肉桂粉少许

炸粉 • fried flour

低筋面粉20克，地瓜粉适量，鸡蛋1/2个

做法 • recipe

1.鸡腿洗净，于肉较厚处划一刀；苹果和蜜梨洗净、去籽切片。
2.蒜末，放入锅中，炒至上色且香味散出，即可盛出沥油。
3.将苹果片、蜜梨片、葱段、香菜梗、蒜末和水，再放入所有调味料，搅打均匀成腌汁。
4.取一大容器，倒入腌汁，放入鸡腿拌匀，盖上保鲜膜并放入冰箱冷藏腌渍约1天。
5.将鸡腿取出，放入打散的鸡蛋、低筋面粉拌匀，再取出沾裹上地瓜粉，静置回潮约10分钟。
6.烧一锅油，待油温至170~180℃时，放入鸡腿炸10~12分钟至表面呈现金黄酥脆后捞起沥油即可。

251 芝麻炸鸡块

材料 ◦ ingredient

带骨鸡胸肉1付，葱段15克，蒜仁15克，洋葱丝15克，姜片10克

腌料 ◦ pickle

素蚝油1小匙，盐1/2小匙，细砂糖1小匙，米酒1大匙，白胡椒粉少许，百草粉少许

炸粉 ◦ fried flour

蛋黄1个，低筋面粉3大匙，粘米粉2大匙，地瓜粉2大匙，白芝麻25克

做法 ◦ recipe

1.带骨鸡胸肉切成块状后洗净沥干；葱段、蒜仁拍扁，备用。
2.取容器放入鸡肉块，加入所有腌料、葱段、蒜仁和洋葱丝拌匀，盖上保鲜膜，腌渍1小时。
3.再加入打散的蛋黄、低筋面粉、粘米粉和地瓜粉拌匀，静置10分钟后加入白芝麻。
4.热锅，待油温至170~180℃，放入做法3材料，待定型后转中火炸约4分钟至表面金黄后捞出。
5.热油回温至170~180℃后，回炸鸡肉块，约10秒后捞出沥油即可。

252 五香炸小棒腿

材料 ◦ ingredient

小棒腿600克，姜泥10克，葱段15克，红葱头15克

调味料 ◦ seasoning

鸡蛋1/2个，酱油膏1小匙，淀粉15克，盐1/2小匙，细砂糖1小匙，米酒2大匙，白胡椒粉少许，五香粉1/2小匙

炸粉 ◦ fried flour

玉米淀粉适量

做法 ◦ recipe

1.小棒腿洗净，沥干水分，备用。
2.葱段、红葱头放入调理机中搅碎，再加入60毫升的水、姜泥拌匀。
3.取一个大容器，放入做法1、做法2的小棒腿和所有调味料拌匀，盖上保鲜膜静置腌渍约2小时。
4.小棒腿腌渍好后放加入打散的蛋液和淀粉拌匀。
5.将鸡腿均匀地沾上玉米淀粉，再将多余的玉米淀粉抖除，静置回潮10～15分钟。
6.烧一锅油，待油温上升至170～180℃时，放入鸡胸肉块，炸5~6分钟至表面呈现金黄酥脆后捞起沥油。

PART 4

意想不到的美味炸物

什么？这么有创意的炸物，从来没吃过！
已经吃腻了前面几章的经典人气口味了吗？
想做点跟别人不同的炸物？看本章准没错。
本章介绍利用皮蛋炸成的皮蛋酥、鸡窝蛋、百花炸皮蛋，
还有让人眼前一亮的黄金炸金条。
想知道这些都是用什么做成吗？翻下去就对了！
还有用米做成的炸丸子你吃过没？
最后加码教你包出多种口味的炸饺，
创意大爆发的炸物就等着你去探索。

腌过再炸最对味

想要炸起来好吃，重点还是要了解如何腌渍食材，除了炸完后调味，也能在炸前就先做预处理，利用各式调酱腌料变化不同风味，炸出意想不到的美味！

腌·料·基·础·材·料·看·这·里

小苏打粉

一般大多用来作为制作糕点的小苏打粉，也可以用在中餐的烹调上，在腌肉类时撒入少许的小苏打粉后，小苏打会破坏肉的结缔组织，使肉会变得又软又嫩。

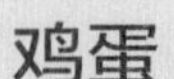

鸡蛋

鸡蛋除了可用来料理烹调外，将它加入腌料中一起腌肉的话，蛋液会被肉的纤维充分吸收，能增加肉类的滑嫩度，同时也能将食材的美味包覆住，在料理时不易散失肉类本身的风味。

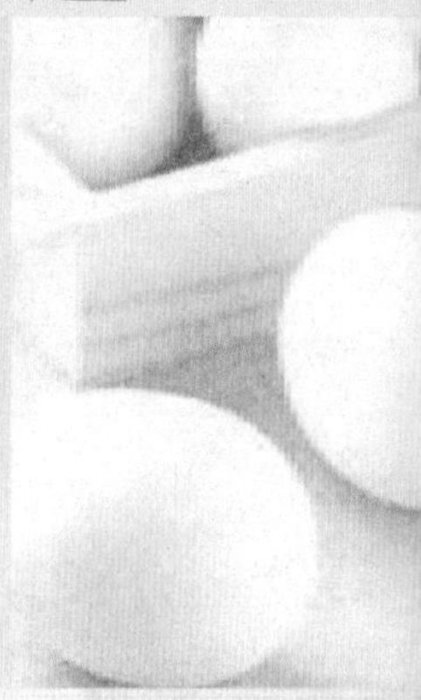

绍兴酒、红酒

绍兴酒是中国的传统酿造酒，又称作老酒，具有浓郁的小麦与糯米的香气；红酒则是由葡萄精酿而出的酒品，拥有淡雅的果香。加入腌料中除了会让肉质软嫩外，更能提升食材的风味。

盐、细砂糖

使用盐来腌肉是为了保存食材，还能顺便调味，但若使用过多，味道容易过咸，因此若有放盐的话最好就不要再放酱油了。而细砂糖，一般是使用在烹调料理上，如果与其他腌料一起调匀的话，淡淡的甜味会让食材不至于太过咸。

酱油、香油

酱油可算是我们料理时的调味圣品，适时在烹调过程中加入酱油，除了能提升料理的美味外，还可以为料理增色，而酱油除了调味外更能增添食材的甘甜风味。而香油，除了滑嫩，芝麻的香味更可以增加料理的香气。

胡椒粉、黑胡椒粉

胡椒粉是将胡椒粒磨成粉末状；而黑胡椒粉味道较辛辣，具有刺激 且香气浓郁，油脂量也比较高。两者常用于腌肉的腌料中，浓郁的辛辣味，可增添肉类的风味，甚至油炸后的肉都还能保有诱人的香气。

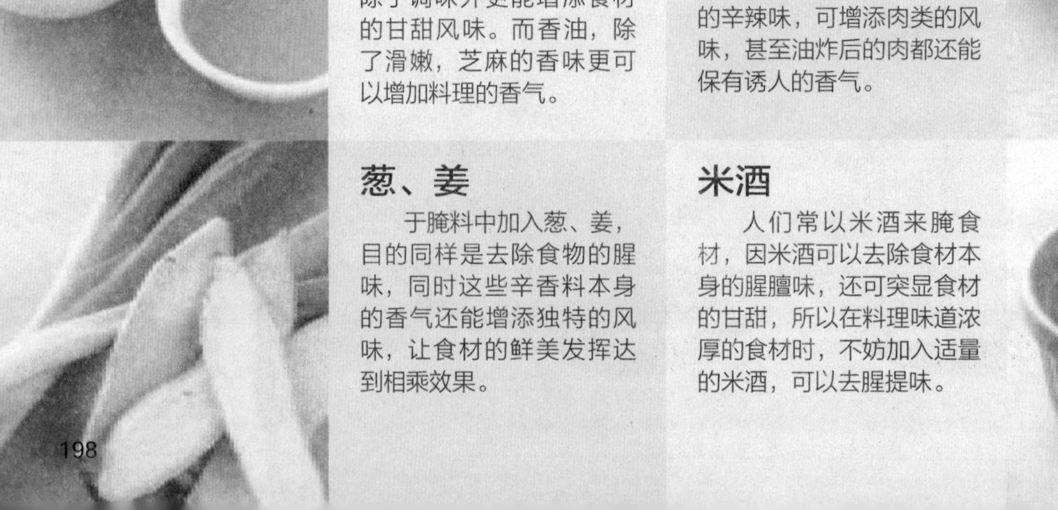

葱、姜

于腌料中加入葱、姜，目的同样是去除食物的腥味，同时这些辛香料本身的香气还能增添独特的风味，让食材的鲜美发挥达到相乘效果。

米酒

人们常以米酒来腌食材，因米酒可以去除食材本身的腥膻味，还可突显食材的甘甜，所以在料理味道浓厚的食材时，不妨加入适量的米酒，可以去腥提味。

三种基础腌法

水嫩多汁的湿腌法

利用水分较多的酱汁将味道渗透到肉的纤维中，腌渍出够味又鲜嫩多汁的口感。

保存方法：

腌料拌匀在一起成为的腌酱汁，腌肉或是鲜鱼时，通常会存放在冰箱的冷藏室中冷藏，如果食材都烹煮完的话，酱汁最好就不要了，因为通常在腌时，大多属于生鲜的食材，因此顾及卫生，在食材烹煮完毕后即需丢弃。

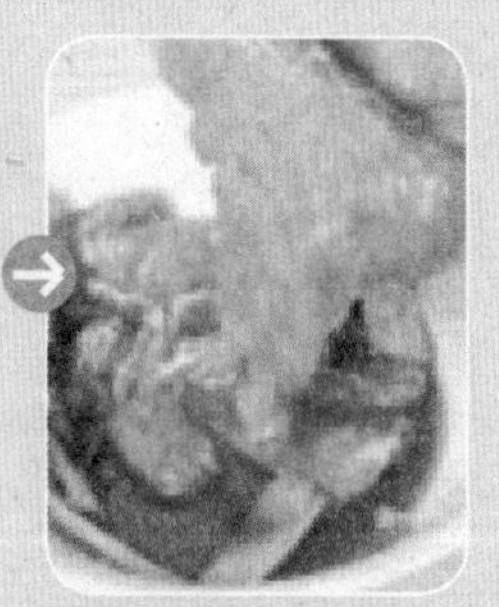

够味不抢风采的干腌法

干腌法通常以干粉、辛香料以及调味料来混合，加上少许水分，腌好的肉类够味又不会抢走食材本身的滋味。

保存方法：

干腌法所调匀出来的腌料，大多比较少量也比较干，多于烹调时就使用完毕，但若有食材已沾了腌料而烹煮不完的话，那么最好以干净的袋子或是盘子密封好，放入冰箱冷藏室冷藏，并且尽快烹煮完毕。

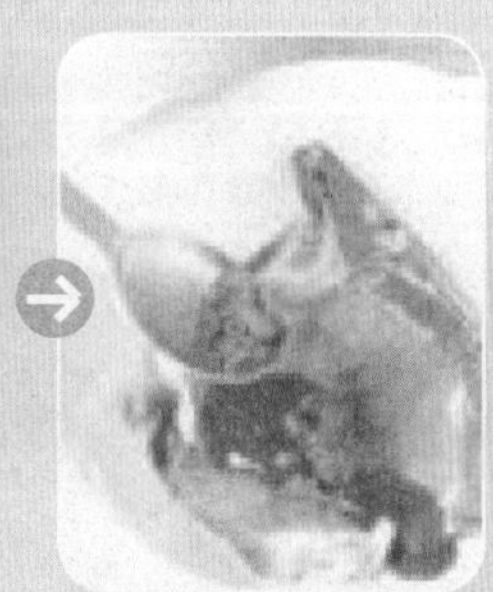
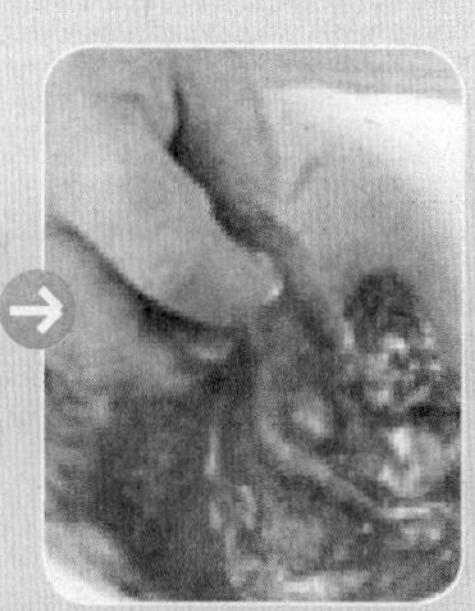

别具风味的酱腌法

酱腌的方式，除了能保存食材的美味外，在料理的过程中更能利用酱腌的香味提升食材的美味。

保存方法：

酱腌的盐分已经相当足够，通常在让食材均匀涂抹上腌酱后，放入密封盒中密封，置入冰箱的冷藏室，保存时间就可以比较久，但是仍然最好是尽快烹调完会比较好，而使用的腌酱如未使用完毕也没碰到水分，就可再放入同样的食材继续腌渍。

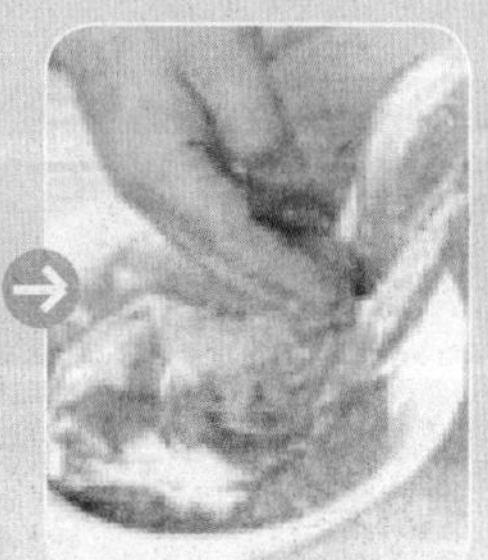
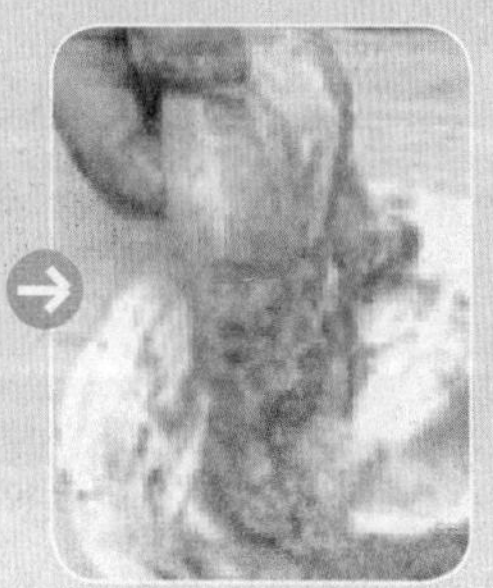

美味炸物

253 椒盐猪肝

材料 ◦ ingredient

A.猪肝………… 250克
B.低筋面粉……3/4杯
粘米粉 ………1/4杯
小苏打 …… 1/4小匙
色拉油 ………1小匙
水 ………… 140毫升

调味料 ◦ seasoning

A.盐 ………… 1/8小匙
鸡精粉 …… 1/4小匙
白胡椒粉 ·· 1/4小匙
B.椒盐粉 ………1小匙

做法 ◦ recipe

1.猪肝洗净沥干后切片，加入调味料A拌匀备用。
2.将材料B的低筋面粉、粘米粉、小苏打、色拉油和水调成粉浆备用。
3.热一锅，放入适量的油，待油温烧热至约160℃，将猪肝片沾上粉浆后放入油锅中，以中火炸至表皮呈金黄色状，捞起沥干油分，食用时蘸椒盐粉即可。

254 山药芦笋猪排卷

材料 ◦ ingredient

芦笋120克，面粉30克，火锅梅花肉片6片，山药150克，面包粉50克，蛋液50克

调味料 ◦ seasoning

盐1/8小匙，白胡椒粉1/6小匙

做法 ◦ recipe

1.山药洗净切成约铅笔粗细的条状；芦笋洗净切去底部较老部分，切成比肉片宽度稍长的长段。
2.将做法1的材料分别放入滚水中氽烫约30秒，再取出冲凉沥干；梅花肉片摊开铺平，将盐及白胡椒粉均匀的撒至肉片上调味备用。
3.将芦笋段及山药条均分成6份，放至肉片上，再将肉片卷起成圆筒状。
4.将卷好的肉卷均匀的拍上面粉，再沾裹上蛋液，最后沾上面包粉并稍用力捏紧。
5.热锅下约300毫升色拉油，以大火加热至约120℃后，放入肉卷，以小火炸约4分钟至表面金黄捞起沥油即可。

255 炸香肠

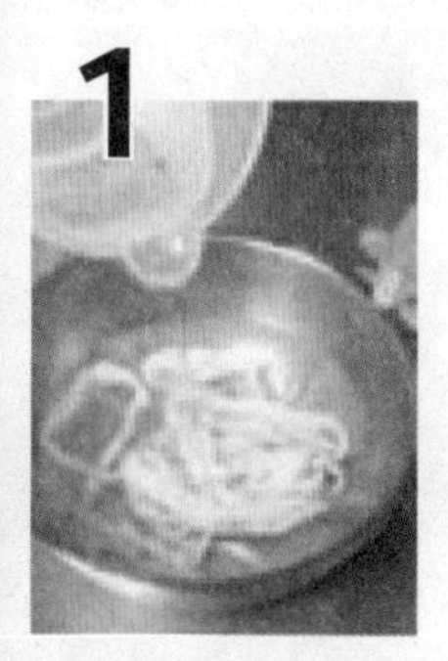

材料 · ingredient

小肠肠衣…… 120厘米
猪肉…………… 600克
色拉油…………… 适量

调味料 · seasoning

米酒……………1大匙
五香粉…………… 少许
盐……………………1小匙
细砂糖………… 2小匙
酱油………………1大匙
胡椒………………… 少许
蒜末………………10克

做法 · recipe

1.小肠肠衣先用水泡到软（见图1），洗净备用。
2.猪肉洗净切丁（见图2），加入所有调味料一起腌约30分钟（见图3）。
3.将腌好的肉，灌入泡软的肠衣中，然后平均分配适当的长度（见图4）。
4.灌好的香肠，可吊在阳台风干或晒太阳2小时，让香肠能有时间更入味，肠衣和肉也能比较贴在一起。
5.用约半锅油以小火下去炸香肠，约炸5分钟，即可捞起。

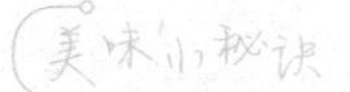

美味小秘诀

自己制作的香肠，不会有防腐剂，所以一般可以在冰箱保存3天，如果要保存的时间更长，就要放入冷冻。另外，也可依个人口味喜好，加入蒜末或肉桂粉调味。

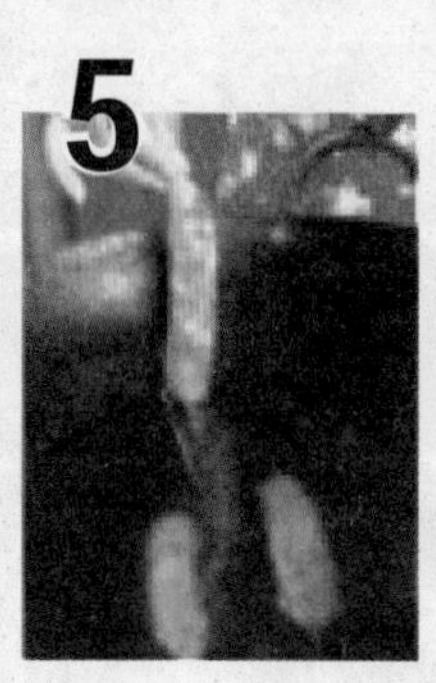

256 爆浆汉堡排

材料 · ingredient

牛肉泥200克，洋葱末50克

调味料 · seasoning

盐1小匙，细砂糖1/4小匙，番茄酱1大匙，蛋液2大匙，淀粉（树薯淀粉）1/2小匙，黑胡椒粉1/2小匙

内馅材料 · ingredient

低筋面粉1大匙，奶油20克，鲜奶80克，土豆泥50克，盐1/2小匙，细砂糖1小匙，胡椒粉1/4小匙，鲜奶油50克

炸粉 · fried flour

低筋面粉100克，鸡蛋液100克，面包粉150克

做法 · recipe

1.取一碗，放入牛肉泥、所有调味料和洋葱末拌匀，捏成7颗球状，静置1小时备用。
2.将奶油隔水加热至融化后，倒入内馅材料的低筋面粉中混合拌匀。
3.另取锅，倒入鲜奶以小火煮滚后，放入土豆泥、盐、细砂糖及胡椒粉，煮至再次滚沸后，倒入做法2的材料中拌匀。
4.续将鲜奶油倒入做法3的材料中拌匀，放凉备用。
5.取做法1的牛肉球略压扁后，包入适量的做法4内馅，整形成球状捏紧，依序沾裹上低筋面粉、鸡蛋液、面包粉，放入120℃的油锅中，用小火约炸3分钟，改转中火炸至表面呈金黄色即可。

257 奶油鸡米花

材料 ◦ ingredient

鸡胸肉 ……………… 1付
自制脆浆粉 …… 2大匙
（做法请参考P11）
牛油 ……………… 1小匙
鸡蛋 ……………… 1/2个
水 ………………… 1大匙

腌料 ◦ pickle

肉桂粉 ……… 1/4小匙
姜末 ………………… 40克
葱末 ………………… 40克
香油 ………………… 1小匙
胡椒粉 ……………… 少许
酒 …………………… 少许
盐 …………………… 少许

做法 ◦ recipe

1. 将鸡胸肉洗净去骨后，先切成长条状，再切小丁，再以所有腌料腌约20分钟至入味备用。
2. 将牛油放置室温至融化后，加入脆浆粉、鸡蛋、水一起调和成面糊。
3. 将鸡丁均匀裹上面糊。
4. 取一炒锅，倒入约1/2锅的油量烧热，将鸡丁以130℃的油温炸约2分钟至表面呈金黄色即可。

258 酥炸鸡卷

材料 ◦ ingredient

鸡胸肉100克，市售鱼浆200克，胡萝卜末30克，土豆末80克，葱末15克，香菜末10克，地瓜粉25克，蛋液1/3个，腐皮2张，小黄瓜片适量，面糊适量

调味料 ◦ seasoning

盐少许，细砂糖少许，白胡椒粉1/4小匙，米酒1大匙

做法 ◦ recipe

1. 鸡胸肉洗净切条状，以少许的盐及白胡椒粉（分量外）拌匀腌约15分钟备用。
2. 鱼浆加入胡萝卜末、土豆末、葱末、香菜末、地瓜粉、蛋液及所有调味料拌匀备用。
3. 将2张腐皮剪成6小张，铺平放入适量做法2材料与鸡肉条，卷成卷状封口涂上少许面糊，两端捏紧成鸡卷备用。
4. 将鸡卷放入温油锅中（约100℃），以小火炸至鸡卷浮上来后，开大火炸至表面酥脆，捞出沥油待凉切片即可。

259 糯米鸡腿卷

材料 · ingredient

鸡腿……………………2只
糯米饭………… 200克
玉米淀粉………… 适量

调味料 · seasoning

米酒……………… 少许
胡椒粉…………… 少许
盐……………………少许
细砂糖…………… 少许

做法 · recipe

1.鸡腿去骨、洗净沥干，依序抹上少许米酒、胡椒粉、盐、细砂糖，腌渍约10分钟，备用。
2.将鸡腿放平、皮朝下，再包入糯米饭卷起，最后用铝箔纸包裹外层，放入电锅中，外锅加入1杯水，盖上盖子按下开关，煮至开关跳起后取出待凉。
3.待鸡腿卷凉后去除铝箔纸，沾上薄薄一层玉米淀粉，放入热油锅中，炸至外表上色、金黄酥脆，捞出沥干油分后切片即可（食用时可依个人喜好，另搭配番茄酱蘸食增加风味）。

260 芦笋鸡卷

材料 · ingredient

芦笋1/2根，去骨鸡腿肉1只，盐1小匙，白胡椒粉少许，火腿片1片，铝箔纸1张，面粉适量，蛋液少许，面包粉适量

调味料 · seasoning

黄芥末酱2大匙，绿芥末酱1大匙

做法 · recipe

1.将去骨鸡腿肉的皮朝下摊开，加入盐、白胡椒粉调味，然后依序摆上火腿片、芦笋后一起卷起来，放置于铝箔纸上卷成像糖果的圆筒状，放入蒸笼以大火蒸煮8分钟使其定型。
2.取出做法1的材料，拆开铝箔纸后，依序沾裹上面粉、蛋液、面包粉，然后放入170℃的油锅中，以中小火炸8分钟即可取出装盘。
3.食用的时候，依个人的喜好加入黄芥末酱与绿芥末酱一起用。

261 爆炸鸡肉丸

材料 ◦ ingredient

A.鸡胸肉320克，荸荠40克，洋葱40克
B.淀粉（树薯淀粉）40克，胡椒粉少许，鸡粉1/4小匙，盐1/6小匙，白砂糖1/4小匙

做法 ◦ recipe

1.将鸡胸肉洗净切成末；荸荠、洋葱洗净切小丁备用。
2.将鸡肉末、荸荠丁、洋葱丁，再加上材料B一起搅拌均匀至呈粘稠状时，以手捏成丸状备用。
3.取一中华锅，倒入约1/2锅的油量，以中火烧热，放入鸡肉丸后，随即转小火炸约2分钟，再转为中火炸约1分钟至表面呈金黄色即可。

262 酥皮鸡肉丸

材料 ◦ ingredient

鸡腿块……………80克
酥皮……………………4片

调味料 ◦ seasoning

细砂糖……… 1/4小匙
蒜末………………… 适量
蛋液…………… 20毫升
牛奶……………10毫升

做法 ◦ recipe

1.将鸡腿块洗净去骨后，切成4块备用。
2.所有调味料拌匀成粉浆备用。
3.鸡腿块放入粉浆中，浸泡约20分钟备用。
4.取1块鸡块，以酥皮包起成球状，重复此做法至材料用完。
5.热锅，倒入适量的色拉油（材料外），待油温热至150℃时，将酥皮球放入油锅中，以中火炸熟起锅沥油备用。

263 鸡肉可乐饼

材料 ◦ ingredient

鸡胸肉100克，土豆250克，洋葱末80克，玉米粒50克

调味料 ◦ seasoning

盐1/4小匙，细砂糖少许，胡椒粉少许

炸粉 ◦ fried flour

面粉适量，蛋液适量，面包粉适量

做法 ◦ recipe

1.土豆去皮洗净、切片，放入电锅中，外锅加入1杯水，盖上盖子按下开关，煮至开关跳起后，取出压碎成土豆泥。
2.鸡胸肉洗净切末，备用。
3.热锅，加入适量奶油（材料外），放入洋葱末炒香，加入鸡胸肉末炒至颜色变白，再放入玉米粒，再加入所有调味料拌炒均匀。
4.将土豆泥与做法3的材料拌匀，再分捏成数颗圆球状，再略压扁、整形为饼状，备用。
5.将做法4材料依序先沾裹上面粉，再沾裹蛋液，最后裹上面包粉，放入油锅中，炸至上色金黄酥脆，捞出沥干油分即可（食用时可依个人喜好，另加入番茄酱增加风味）。

264 比萨鸡排

材料。ingredient

去皮去骨鸡胸肉1片，西红柿1个，蒜末1/4小匙，奶酪丝150克

炸粉。fried flour

地瓜粉适量

调味料。seasoning

番茄酱1.5大匙，意大利香料1/2小匙

腌料。pickle

姜15克，葱15克，蒜仁10克，米酒1大匙，五香粉1/4小匙，盐1/2小匙，细砂糖1小匙，胡椒粉1/2小匙

做法。recipe

1.将鸡胸肉洗净，在表面划刀交错，深约0.5厘米的刀痕；西红柿洗净切片。
2.将腌料中的姜、葱、蒜仁切碎捣烂后放入大碗中，再加入其余的腌料混合拌匀。
3.将鸡胸肉放入腌料中，腌渍约30分钟。
4.将鸡胸肉取出，均匀沾裹地瓜粉，放入160℃的油锅中，用小火炸约3分钟，捞出沥油。
5.在鸡排上依序放上番茄酱、蒜末、意大利香料、奶酪丝和西红柿片，放入预热好的烤箱中，以上火180℃、下火180℃烤至表面呈金黄色即可。

265 香酥鸭

材料。ingredient

鸭肉……1/2只
姜片……4片
葱段……2根
米酒……3大匙
胡椒盐……适量

调味料。seasoning

盐……1大匙
八角……4颗
花椒……1小匙
五香粉……1/2小匙
细砂糖……1小匙
鸡粉……1/2小匙

做法。recipe

1.将鸭肉洗净擦干备用。
2.将盐放入锅中炒热后，关火加入其余调味料拌匀。
3.将调味料趁热涂抹鸭身，静置30分钟，再淋上米酒，放入姜片、葱段蒸2小时后，取出沥干放凉。
4.再将鸭肉放入180℃的油锅内，炸至金黄后捞出沥干，最后去骨切块，蘸椒盐食用即可。

266 火腿翅

材料。ingredient

鸡翅……………………8只
火腿……………160克
洋葱……………160克
香菜……………………40克
淀粉（树薯淀粉）……
……………………少许

腌料。pickle

鸡粉……………… 少许
生抽……………1小匙
米酒……………1小匙
细砂糖 ………1/2小匙

做法。recipe

1.将鸡翅洗净去骨，以所有腌料腌约20分钟至入味备用。
2.把火腿、洋葱和香菜切丁，塞入鸡翅中(去骨后的缝隙)，再用牙签串好，重复此动作8次，再将每只鸡翅外皮拍上少许淀粉。
3.取一炒锅，倒入约1/2锅的油量，以中火烧热后，放入鸡翅后，随即转小火炸约3分钟，再转回中火炸约1分钟即可捞起沥干油脂。
4.将鸡翅切成小块，即可摆盘食用。

267 油炸培根鸡肉卷

材料。ingredient

培根…………………4条
鸡肉…………… 240克

腌料。pickle

葱 …………………1根
姜片………………2片
生抽……………1大匙
细砂糖 ………… 少许
米酒……………1大匙
黑胡椒粉………… 少许

做法。recipe

1.将鸡肉洗净切成条状，再以所有腌料腌渍约15分钟至入味备用。
2.在1片培根上放置1条腌过的鸡肉条，卷起包好，重复此动作4次，再以牙签串好4个培根鸡肉条。
3.取一炒锅，倒入约1/2锅的油量，以中火烧热后，将培根鸡肉条放入已烧热的油锅中，随即转小火炸约1分钟，再转成中火炸约1分钟，至鸡肉条外表呈金黄色时即可。

268 腐皮鲜虾卷

材料。ingredient

A.虾仁250克，肥猪肉50克，姜末1小匙，葱末1大匙
B.腐皮2张，低筋面粉适量，水适量

调味料。seasoning

盐3.5克，细砂糖6克，淀粉（树薯淀粉）7克，胡椒粉1小匙，香油1小匙

做法。recipe

1.虾仁挑去肠泥洗净沥干水分；肥猪肉绞成泥；低筋面粉用水调匀成面糊，备用。
2.取一钢盆放入做法1材料及所有剩余的材料A，加入所有调味料一起拌匀至有黏性即成虾泥馅。
3.取出半圆形的腐皮一张平均割成长三角型3张，每张包入40克做法2的馅料，并卷起成春卷型的长筒状后，接口处用面糊粘紧，重复此动作至材料用毕。
4.热油锅，烧至150℃，放入腐皮卷后转小火炸至金黄色即可捞起沥干油脂。

269 鲜果海鲜卷

材料。ingredient

鱼肉50克，墨鱼肉30克，去皮香瓜丁50克，胡萝卜丁20克，洋葱丁20克，美乃滋2大匙，越南春卷皮6张，水6大匙，低筋面粉2大匙，水淀粉1大匙，面包粉适量

调味料。seasoning

盐1/2小匙，细砂糖1/4小匙

做法。recipe

1.鱼肉、墨鱼肉洗净切丁，汆烫沥干；低筋面粉加入3大匙水调成面糊，备用。
2.热锅，加入适量色拉油，放入洋葱丁以小火略炒，再加入3大匙水、做法1的海鲜丁、胡萝卜丁、所有调味料煮滚，续加入水淀粉勾浓芡后熄火，待凉放入冷冻约10分钟，再加入美乃滋及香瓜丁拌匀，即为鲜果海鲜馅料。
3.越南春卷皮沾凉开水即取出，放入1大匙馅料卷起，整卷沾上面糊，再均匀沾裹上面包粉，放入油锅中以低油温中火炸至金黄浮起，捞出沥油后盛盘即可。

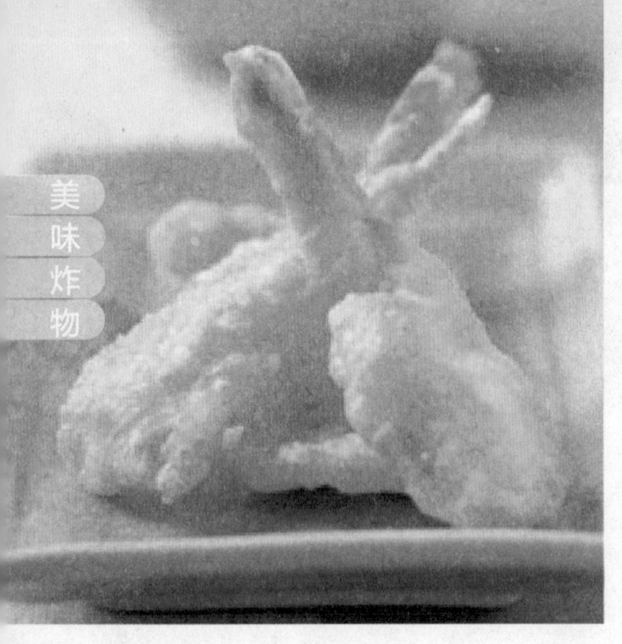

270 炸凤尾虾

材料 • ingredient

草虾300克（约10尾）

调味料 • seasoning

A.淀粉（树薯淀粉）5克，鸡粉1克，胡椒粉1克，盐1克，香油2毫升，蛋液15克

B.低筋面粉90克，淀粉（树薯淀粉）10克，泡打粉1克，色拉油15毫升，水110毫升

做法 • recipe

1.草虾洗净剥去虾壳、留尾部，且从背部剖开但不切断，再以调味料A腌约2分钟至入味备用。
2.调味料B搅匀成粉浆，将草虾均匀沾裹，重复动作至待材料全部用毕。
3.热锅，加400毫升色拉油烧热至150℃，放入草虾炸约2分钟至表面呈金黄色时，捞起沥干油脂即可。

271 银丝炸白虾

材料 • ingredient

白虾10尾，粉条1把，蛋液50克，面粉50克，色拉油500毫升

调味料 • seasoning

盐适量，白胡椒粉适量

做法 • recipe

1.将白虾洗净去壳和沙筋，在白虾腹部划数刀，以防止卷曲。
2.粉条用剪刀剪成约0.3厘米备用。
3.在虾肉上撒上盐和白胡椒粉，再依序沾上面粉、蛋液和粉条段备用。
4.取锅，加入500毫升的色拉油烧热至180℃，放入白虾炸约6分钟至外观成金黄色，捞起沥油即可盛盘。

272 茶香炸虾仁

材料 • ingredient

A.大虾仁12尾

B.盐1/4小匙，白胡椒粉1/6小匙，细砂糖1/4小匙

C.绿茶粉2大匙，面粉1/2杯，粘米粉1/2杯，泡打粉1小匙，水适量

做法 • recipe

1.虾仁去肠泥，洗净后从背后剖开不切断再用盐、白胡椒粉及细砂糖略腌过后备用。
2.材料C调成粉浆备用。
3.热油锅，待油温烧热至约160℃，将虾仁沾裹上粉浆后下锅炸，中火炸约30秒至表皮成金黄色时捞出沥干油即可。
4.可蘸美乃滋或椒盐粉（材料外）食用。

273 芝麻杏果炸虾

材料。ingredient

A.草虾6尾
B.玉米淀粉30克，鸡蛋2个，杏仁粒50克，白芝麻20克

调味料。seasoning

A.盐1/4小匙，米酒1小匙
B.沙拉酱1大匙，椒盐粉1小匙

做法。recipe

1.剥除草虾的头及壳，保留尾部，洗净，用刀子从虾的背部剖开至腹部，但不切断，摊开其成一片宽叶的形状，加入调味料A拌匀后备用。
2.鸡蛋打散成蛋液；杏仁粒与白芝麻混合备用。
3.将虾身均匀地沾上玉米淀粉后，沾上蛋液，最后再沾上杏仁粒与白芝麻并压紧。
4.热一锅，放入适量的油，待油温烧热至约120℃，将草虾放入锅中，以中火炸约1分钟至表皮呈金黄酥脆状，捞起沥干油分，食用时可佐以沙拉酱或椒盐粉。

274 芝麻虾卷

材料。ingredient

A.虾仁300克，姜5克，葱2根
B.豆腐皮4张
C.玉米淀粉30克，蛋液100克，白芝麻100克

调味料。seasoning

盐1/2小匙，鸡精粉1/2小匙，细砂糖1/2小匙，淀粉（树薯淀粉）1大匙，香油1小匙

做法。recipe

1.将虾仁洗净用刀背拍成泥后，加入切碎的葱、姜以及所有调味料，拌匀成虾浆后再分成12等份备用。
2.将每张豆腐皮切成3等份，每一小张再铺上1大匙的虾浆馅料后，包卷成春卷状，收口用事先打散的少许蛋液粘紧，沾上玉米淀粉，再沾裹蛋液，最后沾上白芝麻备用。
3.热一锅，放入适量的油，待油温烧热至约120℃，再将虾条放入锅中，以中火炸至表面的芝麻呈金黄色，捞起沥干油分即可。

275 爆浆虾

材料 • ingredient

草虾5尾，墨鱼浆150克，西芹末1大匙

内馅材料 • ingredient

低筋面粉1.5大匙，奶油20克，鲜奶150毫升，蛋黄1个，鲜奶奶酪150克，盐1/2小匙，胡椒粉1/4小匙

炸粉 • fried flour

低筋面粉100克，鸡蛋2个，面包粉150克

做法 • recipe

1.草虾洗净，去虾头、虾壳，留下虾尾，以牙签挑去肠泥，并在草虾背部划刀开背，然后用刀略剁断筋络；墨鱼浆加西芹末拌匀；鸡蛋打散成蛋液备用。
2.将10克的奶油隔水加热至融化后，倒入内馅材料的低筋面粉中混合拌匀。
3.另取锅，放入鲜奶以小火煮滚后，倒入做法2的材料中搅拌均匀。
4.另取锅，放入剩余的10克奶油、蛋黄、鲜奶奶酪、盐和胡椒粉，煮滚后倒入做法3材料中拌匀成面糊状，待凉后放入冰箱冷藏备用。
5.取草虾，在虾背填入做法4的面糊，并均匀沾裹上做法1的墨鱼西芹浆后捏紧，重覆此做法至草虾用完。
6.取做法5的草虾依序沾裹上低筋面粉、蛋液、面包粉，放入120℃的油锅中，用小火约炸3分钟后，改转中火炸至表面呈金黄色即可（食用时可搭配适量番茄酱）。

276 酥炸芝麻柳叶鱼

材料 · ingredient

柳叶鱼 ………… 200克
地瓜粉 …………1大匙
生菜叶 …………… 适量

芝麻腌料

材料：
芝麻酱1大匙，米酒1小匙，味醂2大匙，酱油1小匙，姜汁1小匙

做法：
将所有材料混合均匀备用。

做法 · recipe

1.将柳叶鱼去腮后加入芝麻腌料腌约10分钟备用。
2.于做法1材料中加入地瓜粉拌匀备用。
3.热锅，倒入稍多的油，待油温热至约150℃，将柳叶鱼一尾一尾放入锅中炸熟且表面金黄。
4.取出柳叶鱼沥油，放在铺有生菜叶的盘中即可。

277 泰式酥炸鱼柳

材料 · ingredient

鲷鱼肉200克，红辣椒末1/4小匙，香菜末1/4小匙，蒜末1/4小匙，泰式甜辣酱2大匙

腌料 · pickle

鱼露1/2大匙，椰糖1/4小匙，米酒2大匙

炸粉 · fried flour

蛋液100克，地瓜粉4大匙，淀粉（树薯淀粉）1大匙

做法 · recipe

1.鲷鱼肉洗净切条，加入腌料腌约10分钟备用。
2.将所有炸粉料拌匀备用。
3.将腌渍好的鲷鱼条均匀裹上混匀的炸粉。
4.热油锅，以中大火将油温烧热至约200℃，放入鲷鱼条炸3~5分钟至表面呈金黄色，取出沥油。
5.将炸好的鲷鱼条与红辣椒末、蒜末、香菜末拌匀，再佐以泰式甜辣酱享用即可。

278 海苔炸鱼条

材料 ◦ ingredient

鳕鱼肉 ………… 200克

炸粉 ◦ fried flour

玉米淀粉…………30克
海苔粉 ……………20克
鸡蛋…………………2个

调味料 ◦ seasoning

A.盐 ………… 1/8小匙
鸡精粉 ….. 1/4小匙
白胡椒粉 .. 1/4小匙
B.椒盐粉 ………1小匙

做法 ◦ recipe

1.鳕鱼肉洗净沥干去皮与刺，切成如小指般大小的鱼条，加入调味料A拌匀备用。
2.将鳕鱼条均匀的沾上玉米淀粉后，再沾裹已打好的蛋液，再沾上海苔粉。
3.热一锅，放入适量的油，待油温烧热至约120℃，将鳕鱼条放入锅中，以中火炸约1分钟至表皮呈酥脆状，捞起沥干油分，食用时可佐以椒盐粉。

279 炸鱼柳片

材料 ◦ ingredient

鲷鱼肉 …………180克

调味料 ◦ seasoning

A.玉米淀粉 ……15克
鸡粉……………2克
胡椒粉 …………1克
细砂糖 …………2克
盐 ………………1克
香油………… 5毫升
蛋清……………15克
米酒………… 5毫升
水 …………… 5毫升
B.自制脆浆粉‥100克
（做法请参考P11）
水 …………110毫升
C.胡椒盐 ……… 少许

做法 ◦ recipe

1.鲷鱼肉切片，以调味料A腌5分钟至入味；调味料B搅拌均匀成粉浆备用。
2.在鱼片外层均匀沾裹一层粉浆，重复动作至食材用毕。
3.热锅，加入400毫升的色拉油烧热至约150℃时，放入鲷鱼片，油炸约2分钟至表皮金黄即可捞起沥干油脂。
4.食用时搭配胡椒盐即可。

280 虾味酥

材料。ingredient

A.鸡蛋1个，水200毫升
B.樱花虾30克，白芝麻少许，海苔粉少许
C.低筋面粉100克，玉米淀粉20克

做法。recipe

1.樱花虾略冲水，沥干水分，备用。
2.鸡蛋加水打散，加入材料C过筛的粉类，稍微拌一下。
3.继续于做法2中加入做法1的樱花虾、白芝麻，沾裹均匀。
4.烧热油锅至180℃，分次抓取适量做法3材料放入油锅，炸至外观金黄酥脆，捞起沥油盛盘，撒上海苔粉即可。

281 椒盐虾球

材料 · ingredient

A.草虾仁200克，葱2根，红辣椒1根，蒜仁5颗

B.淀粉（树薯淀粉）1杯

调味料 · seasoning

A.盐1/6小匙，蛋清1大匙，淀粉（树薯淀粉）1大匙

B.盐1/2小匙，鸡精粉1/2小匙

做法 · recipe

1.草虾仁洗净沥干后，用刀从虾背划开（深约至1/3处）后，再加入调味料A，拌匀腌渍约2分钟备用。
2.将葱、红辣椒、蒜仁切碎备用。
3.热一锅，放入适量的油，待油温烧至约160℃，再将虾仁裹上材料B的淀粉后放入油锅中，以大火炸约2分钟至表面呈金黄酥脆状，捞出沥干油分备用。
4.另热一锅，倒入少许油，以小火爆香葱碎、蒜碎、红辣椒碎后，再放进虾仁，加入盐及鸡精粉，以大火快速翻炒均匀即可。

282 梅汁炸鲜虾

材料 · ingredient

草虾……8尾
鸡蛋……1个
面粉……2大匙
白芝麻……2大匙

腌料 · pickle

梅汁……1大匙
米酒……1/2小匙

做法 · recipe

1.草虾去头及壳，保留尾巴，洗净备用。
2.将所有腌料混匀，放入草虾腌约5分钟备用。
3.鸡蛋与面粉拌匀成面糊，将草虾均匀沾裹上面糊。
4.再将草虾均匀沾上白芝麻。
5.热锅，倒入稍多的油，待油温加热至150℃，放入草虾，以中火炸至表面金黄且熟即可。

283 酥炸咖喱墨鱼

材料。ingredient

墨鱼……………300克
地瓜粉…………1大匙
香菜………………适量

腌料。pickle

辣椒粉………1/4小匙
咖喱粉…………1大匙
米酒……………1大匙
椰糖…………1/4小匙

做法。recipe

1.将所有腌料混合均匀备用。
2.墨鱼洗净去表面硬膜，再去除内脏后切块。
3.墨鱼块加入辣味咖喱腌酱腌约5分钟备用。
4.继续加入地瓜粉拌匀备用。
5.热锅，倒入稍多的油，待油温热至180℃，放入墨鱼块炸至表面金黄且熟透。
6.将墨鱼块捞出沥油后盛盘，撒上香菜即可。

284 黄金墨鱼烧

材料。ingredient

米1杯，虾仁丁8尾，墨鱼（大）1尾，洋葱末1大匙，白酒2大匙，姜黄粉1/4小匙，高汤1又1/2杯，色拉油1大匙，美乃滋适量

调味料。seasoning

盐1/2小匙，鸡粉1/2小匙，胡椒粉1/4小匙

炸粉。fried flour

低筋面粉适量，蛋液100克，黑胡椒粉1小匙，洋葱粉1小匙，面包粉适量

做法。recipe

1.米洗净后泡水30分钟，取出沥干；墨鱼切分成头、身体两部分，头部去除嘴和眼睛后，切碎；身体取出内脏后洗净，备用。
2.热油锅，放入洋葱末炒软，再放入米拌炒至颜色略透明，续放入墨鱼碎、虾仁丁、白酒和姜黄粉炒约2分钟。
3.再于锅中放入高汤、所有调味料拌匀，煮滚后盛起，再放入电锅内煮熟，取出放凉。
4.取墨鱼身部，填入内馅至九分满用牙签封口，放入滚水中，汆烫2分钟后捞出。
5.依序沾裹上低筋面粉、蛋液、黑胡椒粉、洋葱粉和面包粉，放入120℃的油锅中，小火炸约3分钟，改中火炸至表面呈金黄色即可。

285 蜜汁鱼片

材料。ingredient

圆鳕片300克，熟白芝麻少许，地瓜粉适量，水淀粉适量

腌料。pickle

盐少许，米酒1大匙，蛋液1大匙，姜片10克

调味料。seasoning

A.细砂糖少许，水120毫升，酱油1大匙，白醋1大匙，番茄酱1小匙
B.桂圆蜜1大匙

做法。recipe

1.圆鳕片去皮去骨切小片，加入所有腌料腌约10分钟，再沾裹地瓜粉备用。
2.热锅，倒入稍多的油，待油温热至160℃，放入鱼片炸约2分钟，捞起沥油备用。
3.将所有调味料A混合后煮沸，加入桂圆蜜拌匀，再加入水淀粉勾芡，撒入熟白芝麻拌匀成蜜汁酱。
4.将鱼片盛盘，淋上蜜汁酱即可。

286 纸包鲈鱼

材料。ingredient

鲈鱼1尾（约600克），金华火腿1块（约150克），泡发干香菇5朵，葱3根，威化纸14张，淀粉（树薯淀粉）适量

调味料。seasoning

盐1/4小匙，鸡粉1/4小匙，白胡椒粉1/4小匙，米酒1/4小匙，香油1/2小匙

做法。recipe

1.从鱼两侧将鱼肉切下，顺着鱼身斜刀切成宽约2厘米的长方形鱼片，加入调味料抓匀腌渍，备用。
2.火腿及香菇汆烫后冲冷也切成与鱼片大小相等的片，葱洗净后切成与鱼片等长的段，备用。
3.桌面撒少许淀粉，放上威化纸以防威化纸沾粘，在1/3处放一块鱼片、火腿、香菇及葱后以包春卷的方式卷起，缺口处沾一点水粘紧，重复步骤直至全部包完。
4.热一锅油，油温约150℃，放入纸包鱼炸至表面金黄酥脆后捞起摆盘，最后将鱼头及鱼尾沾一些淀粉入锅炸熟作为摆饰即可。

287 牡蛎鲜菇丸

1

材料 · ingredient

牡蛎150克，鲜香菇6朵，韭菜1把，蒜仁2个，红辣椒1/3根

调味料 · seasoning

盐少许，白胡椒少许， 香油少许，酱油1小匙，米酒1小匙

炸粉 · fried flour

面粉1大匙，淀粉（树薯淀粉）1小匙， 水适量

做法 · recipe

1.牡蛎洗净沥干水分；鲜香菇去蒂洗净；韭菜、蒜仁、红辣椒皆切成碎状，备用（见图1）。
2.将做法1的材料（鲜香菇除外）与所有调味料放入容器中，搅拌均匀成内馅。
3.将炸粉材料搅拌均匀成粉浆。
4.鲜香菇的菇蕈中拍入少许淀粉（分量外）（见图2），镶入做法2的内馅（见图3），再均匀地沾裹上粉浆（见图4），放入190℃油锅中，炸至表面成金黄色且熟即可（见图5）。

2

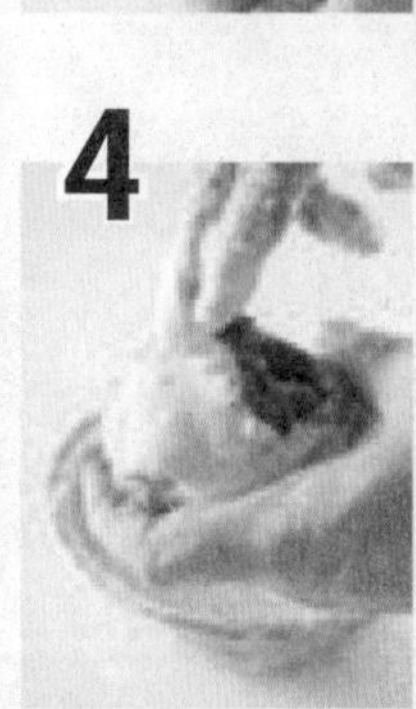
3

4

5

288 杏仁酥炸鲷鱼丸

材料 • ingredient

杏仁片……………50克
鲷鱼肉………… 200克
鸡蛋…………………1个
面粉……………1/2大匙

调味料 • seasoning

盐……………… 1/4小匙
胡椒粉……… 1/4小匙
米酒……………1/2大匙

做法 • recipe

1.将鲷鱼肉剁成泥，加入调味料、鸡蛋、面粉拌匀后摔打至粘稠。
2.将鲷鱼泥捏成约8颗小丸子，均匀沾上杏仁片。
3.热油锅，以中大火将油温烧热至约180℃，放入鲷鱼丸炸6～8分钟至熟，取出沥油即可。

鲷鱼肉泥摔打过后会膨胀，产生弹韧感，吃起来才会口感好、有弹性。

289 圆白菜肉卷

材料 ◦ ingredient

圆白菜150克，猪里脊肉片6片，面粉30克，面包粉50克，鸡蛋1个

调味料 ◦ seasoning

盐1/8小匙，胡椒粉1/6小匙，甜辣酱适量

做法 ◦ recipe

1.圆白菜取下叶片洗净后放入沸水中汆烫约30秒钟，取出冲凉并沥干水分，分成6等份备用。
2.鸡蛋打入碗中搅散备用。
3.猪里脊肉片摊开铺平，均匀撒上盐及胡椒粉备用。
4.将圆白菜叶每份卷成与里脊肉片同宽的菜卷，放于肉片上，再将肉片卷起成圆筒状，表面均匀拍上一层薄面粉，再沾上一层鸡蛋液，最后均匀沾上面包粉并稍用力捏紧定型。
5.热锅倒入约300毫升色拉油大火烧热至约120℃，放入做法4材料以小火油炸约3分钟，待表面呈均匀金黄捞出沥干，分切成小块后装盘，食用时搭配甜辣酱即可。

290 啤酒咖喱酥炸西蓝花

材料 ◦ ingredient

啤酒200毫升，西蓝花300克，油1大匙

调味料 ◦ seasoning

黄咖喱粉1/2大匙，盐1/4小匙，胡椒粉1/4小匙

炸粉 ◦ fried flour

自制脆浆粉3大匙（做法请参考P11），蛋黄粉1大匙

做法 ◦ recipe

1.将啤酒、油和所有调味料加入所有炸粉料拌匀。
2.西蓝花均匀裹上薄薄一层做法1的粉浆。
3.热油锅，以中大火将油温烧热至约230℃，放入西蓝花炸2~3分钟至熟，取出沥油即可。

美味小秘诀

加入少许啤酒是为了让粉浆膨胀，炸起来也会酥脆。

美味炸物

291 炸什锦蔬菜

材料。ingredient

青椒……………30克
洋葱……………30克
茄子……………80克
白萝卜…………50克

调味料。seasoning

A.低筋面粉……80克
玉米淀粉……20克
鸡蛋……………1个
冰水……150毫升
B.柴鱼酱油…20毫升
细砂糖…………5克

做法。recipe

1.洋葱切丝；青椒、茄子洗净，分别切成条状；白萝卜磨成泥，备用。
2.调味料B拌匀后，加入白萝卜泥即成蘸酱备用。
3.调味料A调匀成粉浆，将做法1的材料均匀沾上一层，重复此动作至食材用毕。
4.热锅，加入400毫升色拉油烧热至约150℃时，放入做法3的材料油炸至表面呈现金黄色时，起锅沥干油脂装盘，食用时搭配白萝卜泥蘸酱即可。

292 韭黄炸春卷

材料。ingredient

A.韭黄段100克，猪肉丝200克，叉烧丝100克，香菇丝50克，笋丝100克，虾仁100克，春卷皮20张
B.面粉1大匙，水1大匙

调味料。seasoning

A.盐1/4小匙，细砂糖1小匙，蚝油1大匙，水100毫升
B.淀粉（树薯淀粉）1小匙，水1.5大匙
C.香油1大匙，五香粉1小匙

做法。recipe

1.取一汤锅，分别氽烫做法1中的猪肉丝、叉烧丝、香菇、笋丝、虾仁，并沥干水分。
2.热锅，放入少许油下锅略炒，再加入调味料A翻炒至水沸，调味料B调成水淀粉轻轻倒入勾芡，即可起锅放凉；韭黄段及所有调味料C加入其中一起拌匀成馅料备用。
3.先将材料B调匀制成面糊；取一张春卷皮摊平放上约50克馅料后卷成圆筒状，接口处再以面糊粘紧，并重复此步骤至材料用毕。
4.热锅，放入色拉油烧至约160℃，将春卷放入以中火炸至金黄色即可捞起沥干油脂。

293 野菜鲜蔬天妇罗

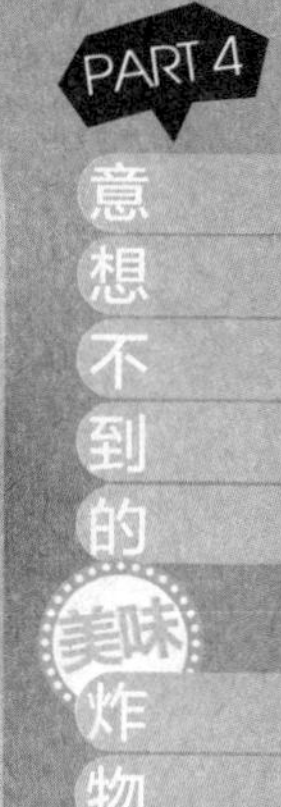

材料 • ingredient

鲜香菇3朵，珊瑚菇40克，秀珍菇40克，茄子1/2条，四季豆40克，芹菜叶20克，西蓝花30克，鸡蛋1个，低筋面粉80克，冰水100毫升

调味料 • seasoning

白萝卜泥30克，淡酱油2大匙，味醂2大匙，姜汁少许

做法 • recipe

1.将鲜香菇、珊瑚菇、秀珍菇洗净。
2.茄子、四季豆洗净切段；西蓝花、芹菜叶洗净备用。
3.鸡蛋打散，加入冰水搅匀，再加入低筋面粉搅拌成面糊。
4.将做法1、做法2的材料分别沾裹做法3的面糊，放入热油锅中炸至表面酥脆。
5.最后将所有调味料混合均匀，食用时可搭配蘸取食用。

294 时蔬天妇罗

材料。ingredient

胡萝卜30克，南瓜30克，地瓜30克，牛蒡40克，鸭儿芹2支，低筋面粉适量，萝卜泥适量

调味料。

A.酱油50毫升，酱油膏1/2大匙，米酒3大匙

B.出汁250毫升，酱油50毫升，味醂50毫升

做法。recipe

1.胡萝卜、南瓜、地瓜削皮，切成5厘米长条状；鸭儿芹切小段；酱汁拌匀煮开；牛蒡刮除表皮，准备1盆醋水，牛蒡以削铅笔的方式削入醋水中浸泡备用。

2.低筋面粉过筛后，先预留下一些面粉，加入调味料A拌匀，搅拌的时候要用像切的方式。

3.把牛蒡捞起，沥干水分，撒上少许低筋面粉，再加入胡萝卜条、南瓜条、地瓜条、鸭儿芹段混合，将做法2材料加入混合拌匀，备用。

4.起油锅，烧热至180℃，用平勺取适量做法3的材料，放入油锅中炸至酥脆，至材料全部用毕。

5.捞起后，放入铺有吸油纸的盘子中，将油沥除，再摆入盘子中，旁边准备适量的萝卜泥，调味料B则盛入小皿中蘸取一起食用即可。

295 炸藕盒

材料 ◦ ingredient

莲藕1段，韭菜80克，猪肉泥80克，葱花1小匙，姜末1小匙，淀粉（树薯淀粉）1小匙

调味料 ◦ seasoning

盐1/2小匙，细砂糖1/2小匙，酱油1/2小匙，香油1小匙，白胡椒粉1/4小匙

炸粉 ◦ fried flour

自制脆浆粉1碗（做法请参考P11），水2碗

做法 ◦ recipe

1.莲藕去皮后切约0.3厘米薄片，浸泡冷水中；韭菜切丁，备用。
2.猪肉泥加入所有调味料拌匀，再加入韭菜丁、葱花、姜末、淀粉拌匀成内馅备用。
3.取一片莲藕放上适量内馅，再盖上一片莲藕即成藕盒备用；脆浆粉加水调匀成面衣备用。
4.藕盒沾上面衣，再放入油温约120℃的油锅中，以小火炸至金黄酥脆即可。

296 什锦菇腐皮烧

材料 ◦ ingredient

腐皮2张，鲜香菇5朵，秀珍菇50克，金针菇25克，胡萝卜丝30克，芹菜末30克，姜末10克

调味料 ◦ seasoning

酱油少许，盐1/4小匙，鸡粉少许，胡椒粉少许，中筋面粉适量

做法 ◦ recipe

1.腐皮剪小张；鲜香菇、秀珍菇切片；金针菇切段备用。
2.热锅加入2大匙的油（材料外），放入姜末爆香后再放入材料（腐皮除外）、胡萝卜丝和芹菜末，拌炒1分钟。
3.再加入所有调味料（中筋面粉除外），拌匀盛盘备用。
4.将腐皮铺平后放入做法3炒好的材料，卷好以中筋面粉加少许水（材料外）涂抹边缘，当作粘剂包起。
5.最后放入温油中炸熟，呈金黄色即可。

297 塔香盐酥蘑菇丁

材料 · ingredient

蘑菇250克，罗勒30克，蒜末10克，地瓜粉适量，淀粉（树薯淀粉）适量

调味料 · seasoning

盐1/4小匙，鸡粉少许，胡椒粉少许，香油少许

做法 · recipe

1. 蘑菇洗净切块，取一容器加入蘑菇块和所有调味料拌匀备用。
2. 罗勒取嫩叶洗净备用。
3. 淀粉、地瓜粉拌匀，再放入蘑菇块均匀裹上粉。
4. 最后放入热油锅炸熟捞出，待油温升高放入蘑菇块，再放入罗勒略炸后取出即可。

美味小秘诀

炸熟蘑菇块时先捞起备用，等油温更高时再炸一次，会让外皮更加酥脆。二次炸时加入罗勒，一起炸酥捞出会比较香。

298 香菇炸春卷

材料 · ingredient

鲜香菇10朵，猪肉泥100克，蒜仁2个，红辣椒1/2根，韭菜1束，春卷皮6张

调味料 · seasoning

酱油1小匙，香油1小匙，淀粉（树薯淀粉）1小匙，盐少许，白胡椒粉少许

做法 · recipe

1. 鲜香菇去蒂，洗净再切成小丁状；蒜仁、红辣椒洗净切碎；韭菜洗净切碎，备用。
2. 取一支炒锅，先加入1大匙色拉油烧热，放入猪肉泥炒至肉变白，再加入做法1的材料，以中火炒香。
3. 续于做法2中加入所有调味料翻炒均匀，再盛起放凉，备用。
4. 将做法3炒好的材料放在春卷皮上，慢慢地将春卷皮包卷起来，放入180℃的油锅中，炸至表面呈金黄色即可。

299 香料炸香菇丝

材料。ingredient

鲜香菇蒂………120克
新鲜香菇…………2朵
葱……………………1根

调味料。seasoning

盐…………………少许
白胡椒……………少许
面粉……………2大匙

做法。recipe

1.将鲜香菇蒂洗净、剥成丝；鲜香菇洗净、切丝；葱洗净、切丝，备用。
2.将香菇蒂丝与香菇丝拍入些许的面粉，再放入油温190℃的油锅中，炸成酥脆状，捞起滤油备用。
3.将炸好的材料放入盘中，再撒入盐、白胡椒，摆上葱丝即可。

美味小秘诀

切掉的鲜香菇蒂千万不要丢弃，花点巧思再利用，就可以成为一道佳肴。将鲜香菇蒂剥成细丝状，再放入锅中油炸，即成一道美味佳肴。但因为鲜香菇蒂丝很容易炸黑，所以炸的时间要短，火候不能过大。

300 酥扬杏鲍菇

材料。ingredient

A.杏鲍菇………100克
　青甜椒…………2支
　低筋面粉……适量
B.自制脆浆粉…50克
　（做法请参考P11）
　色拉油………1小匙
　水…………80毫升

调味料。seasoning

胡椒盐…………适量

做法。recipe

1.杏鲍菇切厚长片状；青甜椒划开去籽；材料B混合均匀成脆浆糊，备用。
2.将杏鲍菇沾裹上薄薄的低筋面粉，再裹上脆浆糊。
3.热油锅，倒入稍多的油，待油温热至180℃，放入杏鲍菇炸至酥脆，再放入青甜椒过油稍炸。
4.取出沥油后盛盘，撒上胡椒盐即可。

301 迷迭香金针菇卷

材料。ingredient

金针菇…………1把
猪肉泥………100克
蒜仁……………2个
红辣椒…………1根
葱………………1根
春卷皮…………8张

调味料。seasoning

迷迭香………1小匙
细砂糖………1小匙
盐……………少许
白胡椒………少许
香油…………1小匙

做法。recipe

1.将金针菇切去蒂头，再洗净沥干水；蒜仁、红辣椒、葱皆切碎，备用。
2.取热锅，倒入1大匙色拉油烧热，加入猪肉泥炒至肉变白，再加入蒜碎、红辣椒碎和葱碎，翻炒均匀。
3.做法2中续加入金针菇和所有调味料，一起翻炒均匀即为馅料，盛起放凉，备用。
4.将春卷皮平铺，摆上适量做法3炒好的馅料，再将春卷皮卷起成圆筒状，放入180℃的油锅中，炸至表面呈金黄色，捞起沥干油后切段即可。

302 蘑菇炸蔬菜球

材料。ingredient

蘑菇……………8朵
胡萝卜………50克
红辣椒…………1根
香菜……………2根
猪肉泥………100克
葱………………1根

调味料。seasoning

盐……………少许
白胡椒………少许
香油…………1小匙
蛋清…………50克
淀粉（树薯淀粉）…
………………1大匙
面粉…………1大匙
酱油…………1小匙

做法。recipe

1.将蘑菇切除蒂头，再洗干净沥干。
2.胡萝卜、葱、红辣椒和香菜都切丝，再与猪肉泥和所有的调味料搅拌均匀成内馅，备用。
3.将内馅镶入洗净的蘑菇中，再拍上少许的的面粉（材料外），放入180℃的油锅中，炸至表面呈金黄色即可。

303 酥脆香茄皮

材料。ingredient

茄子……………1条
姜末……………5克
红辣椒末……10克

炸粉。fried flour

低筋面粉……100克
水…………60毫升
泡打粉……1/2小匙

调味料。seasoning

盐…………1/2小匙
白胡椒………少许

做法。recipe

1.茄子洗净去皮后，茄子皮沾裹调匀的炸粉材料，用140℃油温炸至酥，取出沥干油备用。
2.热锅，将姜末、红辣椒末放入锅中炒香，再加入炸过的茄子皮和所有调味料拌匀即可。

304 炸吉利薯球

材料 · ingredient

芋头150克，土豆200克，白吐司3片，荸荠碎适量，香菜根碎适量，芹菜梗碎适量

调味料 · seasoning

盐少许，黑胡椒少许

做法 · recipe

1.芋头与土豆去皮洗净，放入蒸笼中蒸熟，再捣成泥状备用。
2.白吐司去边再切成小丁状备用。
3.所有材料（除吐司丁外）与所有调味料混合搅拌均匀，揉成球状，沾裹上白吐司丁备用。
4.将薯球放入油温170℃的油锅中炸成金黄色即可。

305 黄金薯

材料 · ingredient

去皮黄肉地瓜400克，梅子粉适量

炸粉 · fried flour

低筋面粉10大匙，糯米粉5大匙，泡打粉1小匙，卡士达粉1大匙，水500毫升，色拉油2大匙

做法 · recipe

1.去皮黄肉地瓜洗净切条状，沥干；炸粉材料放入碗中调匀成脆浆，静置15分钟备用。
2.热锅倒入1/2锅的色拉油，将地瓜条均匀沾裹上脆浆后，放入160℃的油锅中，用小火约炸3分钟至表面呈金黄色后，捞起沥油，撒入梅子粉即可。

306 炸地瓜什锦菇饼

材料 · ingredient

红地瓜120克，鲜香菇2朵，秀珍菇30克，黑珍珠菇30克，金针菇30克，芹菜叶15克，中筋面粉适量，鸡蛋1个

调味料 · seasoning

盐1/4小匙，香菇粉少许，胡椒粉1/4小匙，香油少许

做法 · recipe

1.先将鲜香菇、秀珍菇、黑珍珠菇、金针菇洗净切段；红地瓜切丝，备用。
2.取一容器加入所有调味料，依序再加入中筋面粉、鸡蛋搅拌均匀。
3.放入做法1的材料、芹菜叶与做法2混合均匀，取适量大小放入热油中炸熟至上色，直到食材用完即可。

307 土豆肉泥可乐饼

材料。ingredient

土豆300克，牛肉泥75克，洋葱（约150克）1/2个，奶油15克，色拉油适量

调味料。seasoning

盐少许，白胡椒粉少许

炸粉。fried flour

低筋面粉适量，鸡蛋1个，面包粉适量

做法。recipe

1.土豆洗净去皮切片，放入蒸笼蒸约15分钟至软后，捣成泥状；洋葱切成细丁，备用。
2.锅烧热，放入奶油，融化后放入洋葱丁炒软至透明色，再放入牛肉泥续炒，炒至肉色变色即可盛起。
3.将炒好的牛肉泥、洋葱丁和土豆泥混合均匀，再加入盐、白胡椒粉调整味道。
4.手沾少许色拉油，将混合调味好的土豆泥分成等份，每个约60克，搓成圆形后，再压扁成饼状。
5.依序沾上适量的低筋面粉、蛋液和面包粉。
6.取一油锅，放入适当的色拉油，烧热至180℃后，将可乐饼放入油锅中，以中小火油炸至金黄色捞起。

308 椰香薯饼

材料。ingredient

A.土豆1个，洋葱碎20克，培根碎40克
B.低筋面粉30克，鸡蛋2个，椰子粉50克

调味料。seasoning

A.盐1/4小匙，细砂糖1小匙，黑胡椒粉1/6小匙
B.奶油1小匙

炸粉。fried flour

椰子粉50克，低筋面粉30克，鸡蛋2个

做法。recipe

1.取一锅水煮沸后，放入土豆，以小火焖煮约40分钟后，取出待稍凉后去皮压碎成泥。
2.热一锅，放入奶油，以小火将洋葱碎、培根碎炒香，与土豆泥以及调味料A一起拌匀。
3.再将土豆泥分成6等份，搓成扁圆形，两面沾上低筋面粉后，沾裹蛋液，再沾上椰子粉并稍压紧，使其粘附不易掉落。
4.另热一锅，放入适量的油，待油温烧热至约120℃，将土豆饼放入锅中，以小火炸约2分钟至表皮呈金黄色，捞起沥干油分即可。

309 地瓜天妇罗

材料 · ingredient

地瓜……………………1条
地瓜叶…………………2片
水………………… 50毫升
低筋面粉…………90克
玉米淀粉…………20克
蛋黄……………………1个

蘸酱汁

材料：
A.水250毫升，酱油50毫升，味醂50毫升
B.柴鱼素2毫升

材料：
另取一锅，将所有材料A放入锅中拌煮至沸腾后，再加入材料B拌匀后熄火，即成蘸酱汁。

做法 · recipe

1.地瓜洗净去皮切细条，泡水去除多余的淀粉后，捞起并沥干水分备用。
2.将蛋黄打散后加入水，再加入一起过筛后的低筋面粉与玉米淀粉拌匀，即为面衣，备用。
3.将地瓜条和地瓜叶沾取适量的低筋面粉（分量外）后，再沾裹面衣，备用。
4.热一油锅，待油烧热至180℃后，将地瓜条和地瓜叶放入锅中油炸至酥脆，起锅沥干油盛盘，再搭配蘸酱汁食用。

310 地瓜可乐饼

材料 · ingredient

地瓜200克，鸡胸肉末100克，洋葱末60克，玉米粒80克，蒜末10克，蛋液适量，面粉适量，面包粉适量

调味料 · seasoning

盐1/4小匙，鸡粉少许，白胡椒粉少许

做法 · recipe

1.地瓜洗净、去皮后切片，放入电锅中，于外锅加入1杯水，盖上锅盖按下开关，蒸熟后取出压成泥，备用。
2.热锅，加入少许油，放入蒜末、洋葱末炒香，再加入鸡胸肉末炒至变白，接着放入玉米粒和所有调味料拌炒均匀。
3.将做法2材料放入容器中，加入地瓜泥，拌匀后平均搓成数个椭圆球状，先沾上少许面粉，再均匀地沾裹上蛋液，接着再沾裹面包粉。
4.热一油锅，将油锅烧热至160℃，放入做法3的材料，以小火炸至表面成金黄酥脆状，再捞起沥干油即可。

311 枇杷豆腐

材料 · ingredient

老豆腐1块，虾米1小匙，虾仁80克，鸡蛋1个，蛋液适量，淀粉（树薯淀粉）1大匙

调味料 · seasoning

A.盐1/2小匙，细砂糖1/4小匙，胡椒粉1/4小匙，香油1小匙

B.高汤100毫升，蚝油1小匙，香油1/2小匙，水淀粉1小匙

做法 · recipe

1.老豆腐切去表面一层硬皮，洗净沥干；虾米泡水后捞出切末；虾仁洗净用纸巾吸干水分，以刀背拍成泥，备用。

2.在虾仁泥中加入盐，摔打至粘稠起胶，再加入豆腐、虾米末，其余调味料A拌匀，再加入鸡蛋、淀粉拌匀成豆腐泥。

3.准备瓷汤匙8支，抹上少许油，将豆腐泥挤成球型，放入汤匙里均匀整型成橄榄状，重复此动作至填完8支汤匙，整齐放入锅内蒸约5分钟至熟，待凉倒扣取出。

4.热锅，加入适量色拉油，将蒸豆腐泥均匀沾裹上蛋液，放入锅内炸至两面变金黄色即可取出沥油。

5.将调味料B煮滚后勾芡，淋在做法4材料上即可。

美味炸物

312 豆腐丸子

材料。ingredient

老豆腐……………2块
猪肉泥…………150克
葱末……………1小匙
姜末……………1小匙
蛋液……………2大匙
淀粉（树薯淀粉）……
……………………2小匙

调味料。seasoning

绍兴酒…………1小匙
盐………………1/4匙
酱油……………1小匙

做法。recipe

1.老豆腐洗净切块，备用。
2.猪肉泥加入盐拌匀后摔打数下；葱末、姜末与猪肉泥一起拌匀，再加入老豆腐块、绍兴酒、酱油、蛋液、淀粉搅拌均匀成豆腐泥。
3.将豆腐泥挤成一颗颗小丸状，放入160℃的油锅中，以小火炸约5分钟即可。

美味小秘诀

调味完成的豆腐泥要加入淀粉，捏起来的丸子会比较紧实，油炸时就不易散开。

313 豆腐卷

材料。ingredient

猪肉泥…………150克
老豆腐……………2块
蒜末………………5克
葱末……………20克
面糊……………适量
豆腐皮……………3张

调味料。seasoning

盐……………1/4小匙
鸡粉…………1/4小匙
细砂糖…………少许
酱油……………1小匙
白胡椒粉………少许

做法。recipe

1.老豆腐洗净捏碎；豆腐皮洗净切成小张备用。
2.猪肉泥加入所有调味料拌匀，放入蒜末、葱末和老豆腐碎混合均匀成内馅。
3.取一张豆腐皮铺平，放入内馅后卷起，封口涂上面糊粘紧；重覆此动作直到材料用完。
4.热油锅至油温约120℃，将豆腐卷放入油锅，待浮起改小火炸至呈金黄色即可。

314 炸长相思

材料 ∘ ingredient

老豆腐……………2块
面线…………… 250克
素肉……………100克
姜 …………………10克
香菜…………………1根

调味料 ∘ seasoning

盐 ………………… 少许
细砂糖 …………… 少许
香油………………1小匙
白胡椒 …………… 少许
淀粉（树薯淀粉）
…………………… 2大匙

做法 ∘ recipe

1.将老豆腐使用纱布拧干水分，压碎成豆腐泥备用。
2.素肉、姜与香菜切成碎状备用。
3.做法1、做法2与所有调味料混和再搅拌均匀备用。
4.将做法3搅拌好的豆腐泥塑型成长条状，外面再包裹上面线成长条状。
5.将裹好的做法4材料放入油温170℃的油锅中炸成金黄色即可。

315 鸡窝蛋

材料 ∘ ingredient

鸡蛋2个，猪肉泥100克，烫熟面线1束（约50克），淀粉（树薯淀粉）少许

调味料 ∘ seasoning

A.米酒少许，淀粉（树薯淀粉）少许，盐少许，白胡椒粉少许，酱油少许，香油1小匙
B.甜鸡酱1大匙

做法 ∘ recipe

1.鸡蛋洗干净放入冷水中煮至滚沸后，改转小火煮约10分钟至熟，取出去壳，拍上少许淀粉备用。
2.猪肉泥加入所有的调味料A，搅拌均匀后，甩打至出筋备用。
3.鸡蛋先包覆上一层做法2材料，接着再裹上一层面线备用。
4.将包裹好的做法3材料放入约180℃油锅中，炸至外观上色即可捞起沥油，对切后，再淋上调味料B食用即可。

316 皮蛋酥

材料。ingredient

皮蛋1个，酸姜20克

调味料。seasoning

盐1/4小匙，细砂糖1/8小匙

外皮材料。ingredient

熟咸蛋黄泥1个，澄粉60克，淀粉（树薯淀粉）1/2小匙，90℃热水60毫升，猪油15毫升，泡打粉1/2小匙

做法。recipe

1. 皮蛋放入沸水中煮约5分钟，放凉去壳、切成4等份。
2. 澄粉、淀粉拌入热水，再加入所有调味料拌匀，接着加入咸蛋黄泥揉匀，再加入猪油、泡打粉揉匀，即为外皮，分成4等份备用。
3. 取一份外皮，包入1/4的皮蛋及5克酸姜，包紧捏滚成圆形（全部包毕，共可包4份）。
4. 将做法3材料放入120℃油锅内，以中火炸至外皮飞散，再转大火炸约3分钟至金黄后捞出、沥油即可。

317 肉末皮蛋

材料。ingredient

皮蛋……………………2个
猪肉泥（细）……50克
水……………………3大匙

调味料。seasoning

盐………………1/2小匙
细砂糖………1/4小匙
白胡椒粉……1/4小匙
低筋面粉………2小匙
淀粉（树薯淀粉）……
………………1/2小匙

做法。recipe

1. 皮蛋放入滚水中煮约5分钟，待凉后去壳、每颗分切成8等份小块状，备用。
2. 猪肉泥加入盐摔打至出筋，再依序加入其余调味料、水拌成糊状，备用。
3. 将皮蛋与猪肉泥拌匀，放入160℃油锅内，以小火炸约3分钟至金黄后捞出、沥油即可（食用时可搭配番茄酱蘸食）。

318 炸皮蛋鸡肉卷

材料。ingredient

皮蛋5个，鸡胸肉1块，酸姜50克，香菜40克

调味料。seasoning

A.盐1/4小匙，鸡精粉1/4小匙，细砂糖1/4小匙，米酒1小匙，鸡蛋液1大匙，淀粉（树薯淀粉）1大匙
B.地瓜粉适量

做法。recipe

1. 鸡胸肉洗净切成薄片，加入拌匀的调味料A中腌渍约30分钟；酸姜切片；香菜洗净切小段，备用。
2. 煮一锅滚沸的水，放入皮蛋煮约5分钟后捞出，用冷水浸泡至凉取出剥壳切碎备用。
3. 依序将腌渍完成的鸡胸肉取出摊开，铺上皮蛋碎，再放上酸姜片和香菜段，卷成圆筒状再沾上地瓜粉即为鸡肉卷，备用。
4. 热油锅至油温约120℃，放入鸡肉卷以小火炸约8分钟，捞起沥干油脂后切段盛盘即可。

319 百花炸皮蛋

材料。ingredient

皮蛋……………………2个
虾仁……………200克

调味料。seasoning

盐………………1/2小匙
细砂糖………1/2小匙
淀粉（树薯淀粉）
………………………1小匙
白胡椒粉……1/4小匙
香油…………1/4小匙

做法。recipe

1. 皮蛋放入滚水中煮约5分钟，待凉后去壳，备用。
2. 虾仁洗净去泥肠，吸干水分后用刀面拍成泥，加入盐搅拌至起胶，再加入其余调味料搅拌匀，备用。
3. 将皮蛋先拍上淀粉（分量外）再裹上虾泥，包成圆形表面抹平。
4. 将做法3材料放入160℃油锅内，以小火炸约3分钟至金黄后捞出、沥油，待凉后每颗分切成4等份片状盛盘即可（盘底可垫生菜叶、西红柿片装饰）。

320 黄金炸金条

材料。ingredient

鸡蛋2个，咸蛋1个，粉条1捆，葱末3克，红辣椒末1/2根，淀粉（树薯淀粉）1小匙，水适量，面粉适量

调味料。seasoning

盐少许，白胡椒粉少许，香油1小匙，辣豆瓣1小匙

做法。recipe

1.将鸡蛋、淀粉和水搅拌均匀，放入平底锅煎成蛋皮至双面上色，盛盘备用；粉条泡水至软；咸蛋切碎，备用。
2.起一炒锅，加入1大匙色拉油，再加入粉条，咸蛋，葱末、红辣椒末以中火翻炒均匀，续加入所有调味料拌炒均匀，盛盘放凉，备用。
3.将蛋皮铺平，加入做法2材料，包成条状，并裹上一层薄薄的面粉，最后放入190℃油锅中炸成金黄色，捞出沥干油脂，即可盛盘。

321 柴鱼皮蛋肉丸子

材料。ingredient

柴鱼片…………2大匙
皮蛋…………1个
猪肉泥…………150克
蒜仁…………2个
红辣椒…………1根

调味料。seasoning

盐…………少许
白胡椒粉…………少许
香油…………1小匙
淀粉（树薯淀粉）…………1小匙
蛋清…………50克

做法。recipe

1.皮蛋蒸熟，去壳后切碎；蒜仁和红辣椒洗净切碎，备用。
2.将猪肉泥、做法1的材料和所有调味料一起搅拌均匀，再摔打出筋，整形成数颗圆形肉丸。
3.热一油锅至180℃，放入肉丸炸熟，捞起沥干油脂，迅速将肉丸沾裹柴鱼片即可盛盘。

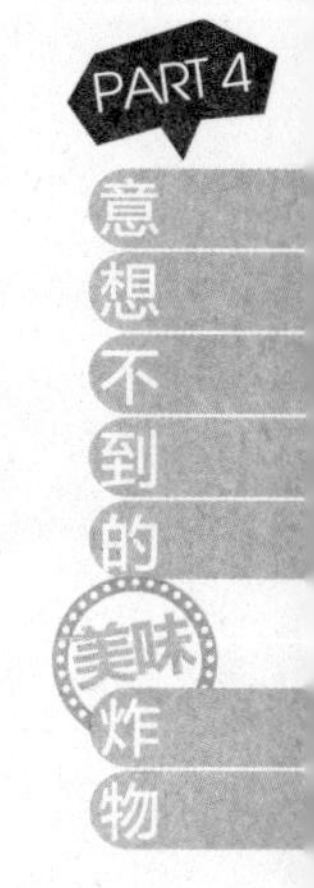

322 蟹味甜不辣

材料 • ingredient

鱼浆……………200克
猪背油……………75克
水………………60毫升
中筋面粉………120克
淀粉（树薯淀粉）…………………………20克
蟹肉棒……………6条

调味料 • seasoning

盐……………1/4小匙
细砂糖…………1小匙
酒……………1/2小匙

做法 • recipe

1.猪背油切小块放入冷冻冰硬后取出，再用调理机打成泥。
2.将水、所有调味料和做法1材料加入鱼浆内一起搅拌均匀后，加入淀粉、中筋面粉拌匀后放入冰箱冷冻30分钟后取出。
3.蟹肉棒用手搓成丝后，加入做法2材料中混合均匀。
4.热一油锅使其油温约140℃后，用手抓取适量做法3的材料，搓成鼓形条状后放入油锅内以小火油炸2分钟至呈现出金黄色泽即可。

323 墨鱼甜不辣

材料 • ingredient

墨鱼150克，鱼浆200克，猪背油30克，水60毫升，淀粉（树薯淀粉）30克，腐皮4张

调味料 • seasoning

盐1/4小匙，细砂糖1/2小匙

做法 • recipe

1.取墨鱼肉100克和猪背油切成小块后，放入冰箱冷冻冰硬取出，再用调理机一起打成泥，剩下50克的墨鱼肉则切成小丁状备用。
2.将水、所有调味料和做法1材料加入鱼浆内一起搅拌均匀后，加入淀粉拌匀放入冰箱冷冻30分钟后取出，即为混合鱼浆。
3.腐皮对切成三角形后，取50克的混合鱼浆铺在腐皮上面，左右对摺包起成长方形形状，以此做法完成4份。
4.热一油锅使其油温约140℃后，放入做法3材料以小火油炸2分钟后，转大火油炸30秒捞出沥干油分即可。

324 葱卷烧

材料。ingredient

鱼浆200克，猪背油75克，水60毫升，中筋面粉120克，淀粉（树薯淀粉）20克，葱4根，塑料袋2个

调味料。seasoning

A.盐1/4小匙，细砂糖2大匙，米酒1/2小匙
B.香油适量

做法。recipe

1.猪背油切小块放入冰箱冷冻冰硬后取出，再用调理机打成泥。
2.将水、调味料A和做法1材料加入鱼浆内一起搅拌均匀后，加入淀粉、中筋面粉拌匀放入冰箱冷冻30分钟后取出，即为混合鱼浆。
3.将两个塑料袋各自沿着三面边缘剪开，取其一张做底并涂抹上香油后，再覆盖上另一个塑料袋，用手搓揉使其两张塑料袋都沾上薄油。
4.取做法3的塑料袋平铺于桌面，再将混合鱼浆放入，覆盖上另一个塑料袋，均匀压平。
5.继续将青葱放入做法4材料，用手卷成圆柱状。
6.热一油锅使其油温约140℃后，放入做法5材料以小火油炸至呈现出金黄色泽取出切段即可。

325 紫菜海鲜卷

材料。ingredient

鱼浆…………200克
猪背油…………75克
水…………60毫升
中筋面粉………100克
淀粉（树薯淀粉）…………20克
紫菜片…………2张

调味料。seasoning

盐…………1/4小匙
细砂糖…………2大匙
米酒…………1/2小匙

做法。recipe

1.猪背油切小块放入冰箱冷冻冰硬后取出，再用调理机打成泥。
2.将水、所有调味料和做法1材料加入鱼浆内一起搅拌均匀后，加入淀粉、中筋面粉拌匀放入冰箱冷冻30分钟后取出，即为混合鱼浆。
3.紫菜片摊平后放入适量的混合鱼浆卷成圆桶状后切成3段，即为紫菜鱼浆卷。
4.再取适量做法2的混合鱼浆包裹在紫菜鱼浆卷外。
5.热一油锅使其油温约140℃后，放入做法4的紫菜海鲜卷以小火油炸至呈现出金黄色泽即可。

326 炸素肠

材料 ◦ ingredient

腐皮……………………2张
面肠…………… 400克
姜泥………………10克
地瓜粉……………30克
面糊……………… 适量
黄瓜片……………1条

调味料 ◦ seasoning

红曲酱……………30克
盐……………………少许
细砂糖……… 1/4小匙
米酒…………1/2大匙

做法 ◦ recipe

1.2张腐皮剪成6小张备用。
2.面肠洗净沥干撕小片，再加入姜泥、所有调味料和地瓜粉拌匀。
3.取1小张腐皮，取适量做法2的材料卷上，封口抹上面糊，重覆此步骤直到材料用尽。
4.油锅烧热，放入做法3的面肠，以小火炸至金黄，面肠浮起，再转大火炸上色捞出沥油。
5.待做法4的素肠微凉，切成片状，上桌时与小黄瓜片交错摆盘即可。

327 脆皮素肥肠

材料 ◦ ingredient

面肠……………150克
淀粉（树薯淀粉）……
……………………… 适量

调味料 ◦ seasoning

A.白胡椒粉……… 适量
B.水 ………… 300毫升
酱油………… 2大匙
细砂糖 ………1大匙
八角……………1粒

做法 ◦ recipe

1.热锅，将调味料B的材料一起放入锅中煮至滚，即为卤汁。
2.将面肠放于卤汁中卤约10分钟捞起后，沾裹淀粉。
3.热一锅油，将面肠用140℃油温炸至金黄色后，捞出沥干油，再切段状。
4.蘸白胡椒粉食用即可。

328 米丸子三兄弟

材料。ingredient

米饭……………120克
猪肉泥…………60克
洋葱末……………20克
美乃滋………1/2大匙
柴鱼片…………适量
香松……………适量
青海苔粉………适量

调味料。seasoning

盐……………1/4小匙
白胡椒粉……1/4小匙

做法。recipe

1.将米饭、猪肉泥和洋葱末加入所有调味料搅拌均匀，用手捏成小圆球状，约9颗。
2.将做法1的圆球放入油锅中，以中火炸熟，捞起后再用竹签串成3个一串。
3.将做法2的三串圆球淋上美乃滋，再分别撒上柴鱼片、香松和青海苔粉即可。

329 炸饭团串

材料。ingredient

米饭…………200克
鱼松……………50克
蛋黄……………2个
低筋面粉………适量
面包粉…………适量
柠檬汁………1/2大匙

调味料。seasoning

A.冷开水………1/2碗
B.甜辣酱………适量
胡椒盐………适量

做法。recipe

1.冷开水与柠檬汁拌匀；蛋黄打成蛋黄液，备用。
2.以手沾上柠檬水，取适量米饭捏扁，放入手心，加入适量鱼松，缺口包紧成圆饭团，重复此动作制材料用毕。
3.将小饭团一一沾上低筋面粉，接着沾上蛋黄液，最后再沾上面包粉。
4.起一油锅，油温热至约150℃时，放入小饭团炸至表面呈金黄色即可，食用时搭配调味料B。

330 燕麦丸子

材料。ingredient

燕麦片………200克
猪肉泥………300克
葱末……………5克

调味料。seasoning

酱油…………1/2小匙
白胡椒粉……1/4小匙

做法。recipe

1.将所有材料混匀加入混合的调味料拌匀后，略摔打成肉馅，备用。
2.将肉馅捏成等份的小圆球。
3.油锅加热至约150℃，再放入燕麦丸子，炸约3分钟至熟即可。

331 米糕腐皮卷

材料。ingredient

A.圆糯米200克，桂圆肉50克，水180毫升，腐皮2张
B.面粉1大匙，水1大匙

调味料。seasoning

细砂糖40克，黑糖20克，米酒1大匙

做法。recipe

1.桂圆肉洗净后沥干水分，淋入米酒抓匀；材料B调匀成面糊，备用。
2.圆糯米洗净后沥干水分，加入水后放入电子锅蒸熟，熟透时趁热加入桂圆肉和其余调味料拌匀成桂圆米糕，备用。
3.腐皮一切4份成小张，包入桂圆米糕卷成条状，封口处沾上面糊粘紧，依序包完所有食材，备用。
4.热油锅至油温约100℃，放入米糕腐皮卷，炸至外表呈金黄酥脆状即可。

332 甜菜鸡肉炸饺

材料 • ingredient

去皮鸡腿肉 ···· 400克
甜菜根 ·········· 300克
葱花··················40克
姜末··················20克
饺子皮 ············· 适量

调味料 • seasoning

盐 ························6克
细砂糖 ·············· 10克
酱油··············15毫升
绍兴酒 ········· 20毫升
淀粉（树薯淀粉）
······················· 2大匙
白胡椒粉·········1小匙
香油················ 2大匙

做法 • recipe

1.甜菜根去皮刨丝，沥干水分备用。
2.去皮鸡腿肉剁碎，放入钢盆中，加入盐后搅拌至有黏性，续加入细砂糖及酱油、绍兴酒拌匀。
3.最后加入甜菜根丝、葱花、姜末、淀粉、白胡椒粉及香油拌匀即成。
4.将馅料包入饺子皮即可（炸法与包法请参考P249）。

333 地瓜肉末炸饺

材料 • ingredient

地瓜·············· 400克
猪肉泥 ·········· 200克
红葱头末··········30克
蒜末··················30克
色拉油 ··········· 2大匙
葱花··················60克
饺子皮 ············· 适量

调味料 • seasoning

A.盐 ····················2克
细砂糖 ············5克
白胡椒粉···1/2小匙
B.盐 ····················5克
白胡椒粉···1/2小匙
香油··········· 2大匙

做法 • recipe

1.地瓜去皮后切厚片，盛盘放入电锅，外锅加1杯水，蒸约20分钟后取出，压成泥。
2.热锅，放入2大匙色拉油，以小火炒香红葱头及蒜末后，放入猪肉泥炒散，加入调味料A，小火炒至水分收干后取出放凉。
3.将地瓜泥放入盆中，加入调味料B拌匀后，再将做法2的材料及葱花加入地瓜泥中拌匀即成。
4.将做法3的馅料包入饺子皮即可（炸法与包法请参考P249）。

334 培根土豆炸饺

材料 · ingredient

土豆……500克
培根……200克
蒜末……30克
色拉油……3大匙
欧芹末……60克
饺子皮……适量

调味料 · seasoning

盐……5克
白胡椒粉……1/2小匙
细砂糖……12克

做法 · recipe

1.土豆洗净去皮后切厚片，盛盘放入电锅，外锅加1杯水，蒸约20分钟后取出，压成泥备用；培根切小丁，备用。
2.热锅，放入3大匙色拉油，将培根丁和蒜末以小火炒香后取出放凉。
3.将炒好的培根加入薯泥中，加入欧芹末及所有调味料拌匀即成。
4.将馅料包入饺子皮即可（炸法与包法请参考P249）。

335 椰子毛豆炸饺

材料 · ingredient

毛豆……2大匙
椰子粉……1杯
鸡蛋……1个
饺子皮……适量

调味料 · seasoning

细砂糖……1.5大匙
面粉……1/2大匙

做法 · recipe

1.将毛豆汆烫后捞起沥干备用。
2.取一容器将椰子粉、全蛋打入稍加搅拌后，将熟毛豆及调味料一起放入搅拌均匀。
3.取饺子皮，每张放入适量馅料包好即可。
4.热锅，加入半锅油烧至160℃，将包好的饺子放入油锅中，开中火随时翻动，使饺子上色均匀。
5.炸至外观呈金黄色，即可关火，捞起沥油。

336 抹茶奶酪炸饺

材料 • ingredient

抹茶豆沙馅 ···· 300克
奶酪片 ··········· 150克
饺子皮 ············ 适量

做法 • recipe

1.将奶酪片切成小块，分成每个5克重的大小。
2.将抹茶豆沙馅一次取10克的大小，包入奶酪块，最后用饺子皮包成饺形即可。
3.热锅，加入半锅油烧至160℃，将包好的饺子放入油锅中，开中火随时翻动，使饺子上色均匀。
4.炸至外观呈金黄色，即可关火，捞起沥油。

337 韭菜牡蛎炸饺

材料 · ingredient

猪肉泥………… 300克
牡蛎…………… 300克
韭菜……………100克
葱花………………30克
姜末………………20克
饺子皮………… 适量

调味料 · seasoning

盐 ……………………4克
细砂糖 ……………10克
酱油…………15毫升
米酒………… 20毫升
白胡椒粉………1小匙
香油………… 2大匙

做法 · recipe

1.韭菜洗净后切碎；牡蛎洗净后沥干水分，备用。
2.猪肉泥放入钢盆中，加入盐后搅拌至有黏性，再加入细砂糖及酱油、米酒拌匀。
3.最后加入韭菜末、葱花、姜末、白胡椒粉及香油拌匀，包时再加入牡蛎即可（炸法与包法请参考P249）。

338 什锦海鲜炸饺

材料 · ingredient

A.猪肉泥 ………50克
蛤蜊肉 ………1/3杯
鱼肉丁 ………1/2杯
虾肉丁 ………1/3杯
姜末…………1大匙
葱花………… 3大匙
B.饺子皮 ………15张

调味料 · seasoning

白胡椒粉………1大匙
淀粉（树薯淀粉）
…………………… 2大匙
面粉…………1/2大匙

做法 · recipe

1.将材料A与所有调味料一起放入容器中搅拌均匀即成馅料备用。
2.将综合海鲜馅包入饺子皮中成为饺子，并整齐排放至已涂抹油的平盘中即可。
3.热锅，加入半锅油烧至160℃，将包好的饺子放入油锅中，开中火随时翻动，使饺子上色均匀。
4.炸至外观呈金黄色，即可关火，捞起沥油。

339 红豆泥炸饺

材料。ingredient

红豆··················1杯
饺子皮············· 适量

调味料。seasoning

细砂糖············1/2杯

做法。recipe

1.将红豆泡水3小时后洗净备用。
2.取锅加水盖过红豆，放入电锅蒸1~1.5小时至红豆熟烂，加入细砂糖煮溶，汁收干后拌成泥状。
3.取饺子皮，每张放入适量做法2的馅料包好即可。
4.热锅，加入半锅油烧至160℃，将包好的饺子放入油锅中，开中火随时翻动，使饺子上色均匀。
5.炸至外观呈金黄色，即可关火，捞起沥油。

美味小秘诀

炸饺子的油温一定要够，油温过低饺子皮容易吸油，炸好的饺子吃起来会比较油腻不酥松，而饺子下锅要以小火炸，起锅前再转中大火，这样不但比较容易炸熟，饺子皮也不易吸太多油。

炸饺的包法

花边形炸饺的包法

炸饺皮和炸饺馅的分量比例，一般为2：3，例如每张炸饺皮重10克，每份馅料的重量约为15克。可依个人的喜好略微调整。

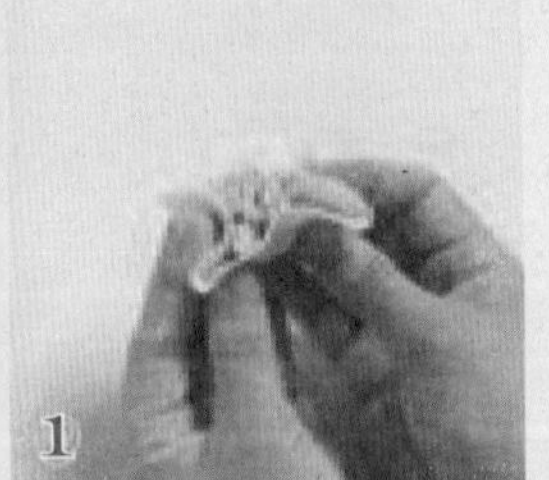

手掌呈弯型放上饺子皮并放入适量的馅料。

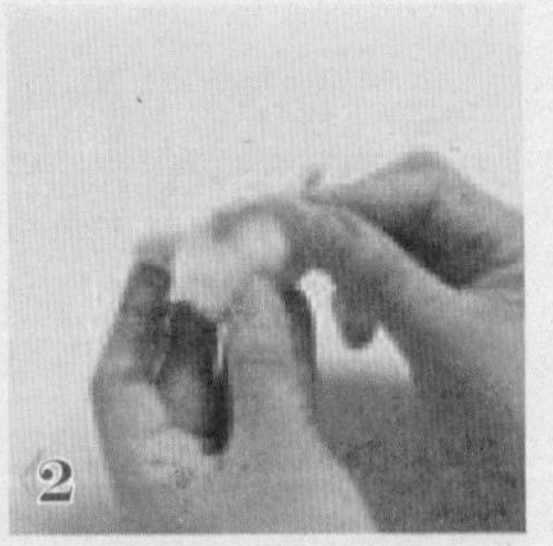

饺子皮对折并用食指将两侧往内压。

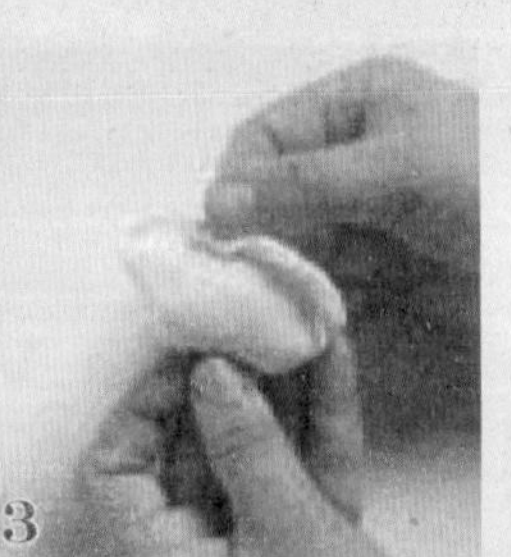

将饺子皮4个角稍微捏紧封口。

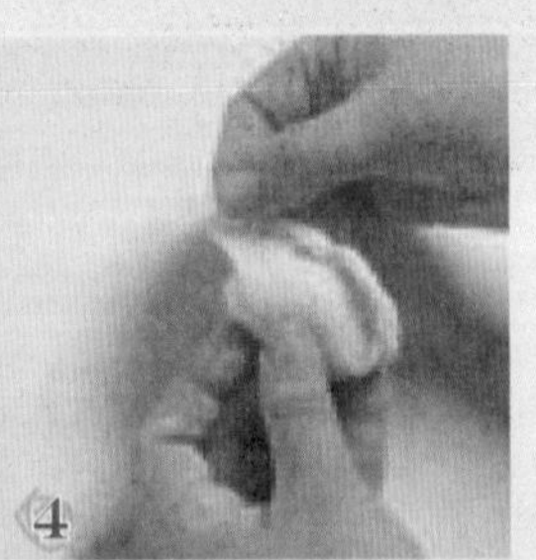

以右拇指及食指捏住右顶端，将变薄的外缘向下按捏成花边纹路，不断重覆按捏从右直至左端底处即完成。

波浪形炸饺的包法

包饺子时，沾水是为了增加饺子皮的黏性，沾水宽度在1厘米为最佳，若水沾太少则不容易粘合。

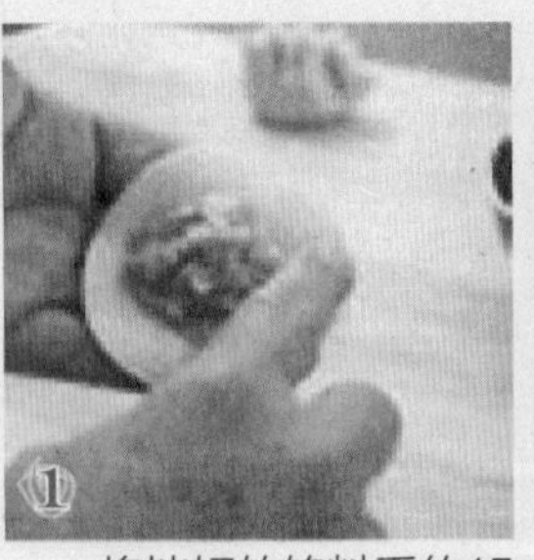

将拌好的馅料舀约15克放到饺皮上，在半边饺子皮边缘1厘米抹水。

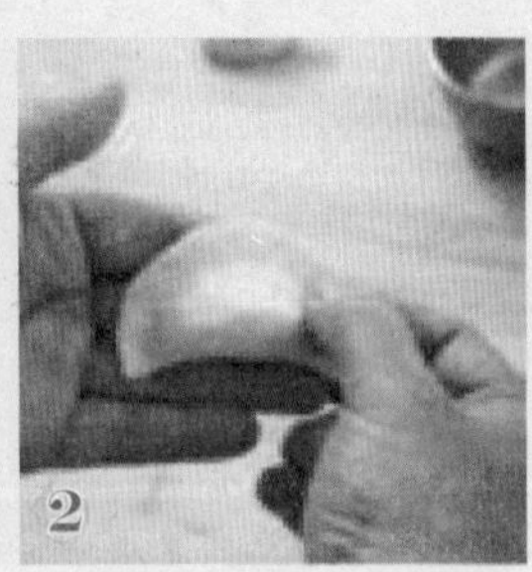

饺子皮对折，上下饺皮紧密捏合。

左手捏住左端，用右手大拇指和食指并用，将边缘推成扇形摺子。

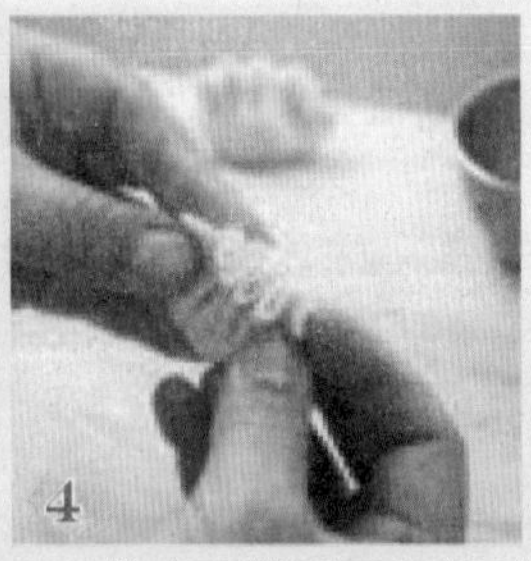

将扇形摺子用左右手用力压紧，即成波浪形炸饺。

怎么做炸饺最好吃?

炸饺皮

技巧1：擀皮时，一定要杆成中间厚、边缘薄，饺子封口处就不会太厚，包馅的地方也比较不容易破皮。

技巧2：皮和馅的最佳分量比例为2：3，做出来的炸饺才会皮薄馅丰。

技巧3：如果饺子有破皮，下锅前可先沾一些干的淀粉再入锅炸，可保持形状完好。

技巧4：锅中热油要足以淹过饺子，油温达160℃才下锅，炸起来的皮才会酥松。

炸饺馅

技巧1：水分多的食材要先依特性做脱水处理，才不会做出软糊糊的馅料。

技巧2：高温油炸外皮熟得速度快，不易熟的食材应先蒸熟或炸熟，以免外皮焦黄而内馅未熟。

技巧3：油炸时先开小火让饺子略浸泡一下，再转中火炸，内馅较容易熟透，又不会提早把外皮炸焦。

340 炸鲜奶

材料 · ingredient

A.水150毫升，椰浆225毫升，牛奶225毫升，细砂糖55克，奶油100克
B.水75毫升，玉米淀粉65克

炸粉 · fried flour

低筋面粉1/2杯，糯米粉1/4杯，淀粉（树薯淀粉）1/8杯，吉士粉1/8杯，泡打粉1/2小匙，水160毫升，色拉油1小匙

做法 · recipe

1.取锅加入材料A，以小火搅拌煮至沸腾后，慢慢加入已调好的材料B，一边搅拌一边煮成浓稠的糊状后，熄火备用。
2.取盘，盘面抹上一层油，倒入奶糊，表面抹平后待其冷却后，放入冰箱冷藏库约2小时，再取出切成条状备用。
3.将炸粉材料调匀成粉浆备用。
4.热油锅，油温烧热至160℃，将鲜奶条沾上粉浆后放入锅中，以中火炸至表皮呈金黄色状，再捞出沥干油分即可。

341 炸年糕

材料 · ingredient

年糕…………… 250克

炸粉 · fried flour

低筋面粉………3/4杯
粘米粉…………1/4杯
小苏打……… 1/4小匙
色拉油…………1小匙
水…………… 160毫升

做法 · recipe

1.年糕切成拇指大小的条状备用。
2.将炸粉材料的低筋面粉、粘米粉、小苏打、色拉油和水调成粉浆备用。
3.热一锅，放入适量的油，待油温烧热至约120℃，将年糕条逐条沾裹粉浆后放入油锅中，以小火炸至表皮呈金黄色状，捞起沥干油分即可。

342 高丽豆沙

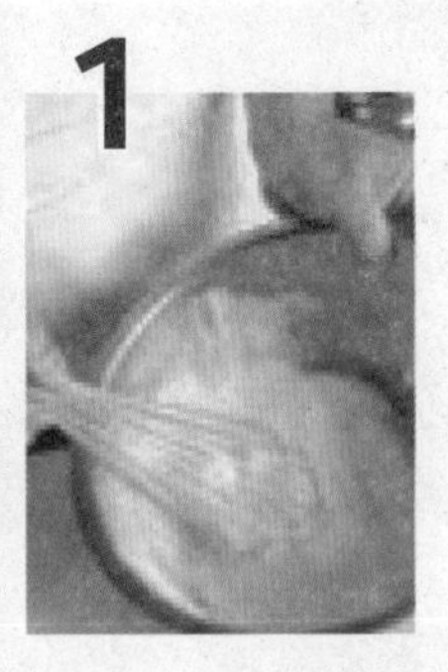

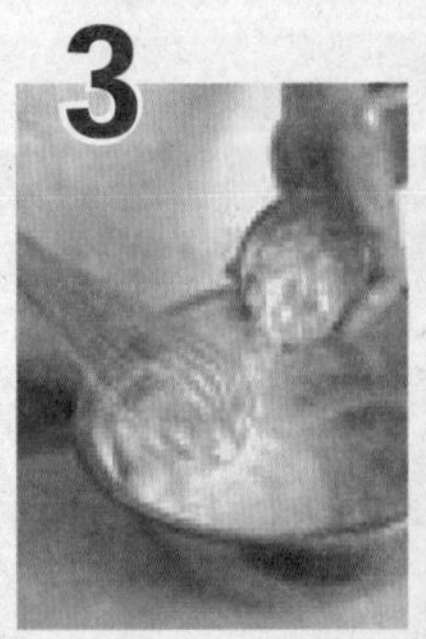

材料。ingredient

A.豆沙馅…………100克

B.蛋清………………1大匙

低筋面粉…………1大匙

玉米淀粉…………1大匙

细砂糖……………1小匙

做法。recipe

1.将豆沙馅分成12等份后，搓成丸子状，表面沾上薄薄一层低筋面粉备用。

2.蛋清放入钢盆中打至湿性发泡（见图1），加入细砂糖打匀后（见图2），将低筋面粉及玉米淀粉撒入，轻轻拌匀成蛋泡糊备用（见图3）。

3.热一锅，放入适量的油，待油温烧热至约80℃后转小火，将豆沙丸子逐一沾裹上蛋泡糊（见图4），再放入油锅中，用长筷子不停的翻动豆沙丸子（见图5）。

4.约炸1分钟至表面略硬后，捞起沥干油分即可。

炸物大变身

PART 5

炸物也可以做成料理?
没错！本篇告诉大家炸物以不同面貌变身的料理。
炸过再炒、拌、沾或做成三明治、卷饼、串烧等，
就变身为美味的料理了。
本篇包含黄瓜拌鸡排、亲子烧鸡排、糖醋排骨、
橙汁排骨、墨西哥鸡肉卷、红茶炸鸡三明治等。

大厨才教你的炸物贴士

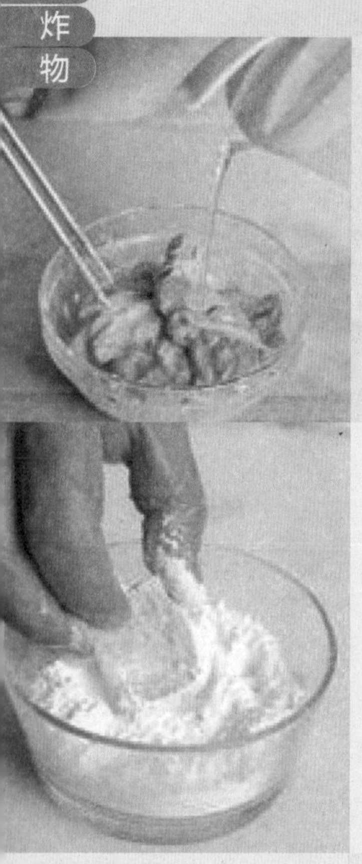

贴士 1

鸡肉块加入淀粉腌后，油炸时淀粉糊化就会沾粘，下锅油炸前加一些油拌匀再下锅就可以轻松的分开，不会因为沾粘在一起使鸡肉受热不均匀，吃起来有的过老有的过生。

贴士 2

菇类直接下锅炸，会因为吸收过多油分而炸不出酥脆口感，而直接沾粉会沾不上，需要泡过水沥干后让表面湿润，才能沾附得住粉，炸后才会有外酥内嫩的效果。

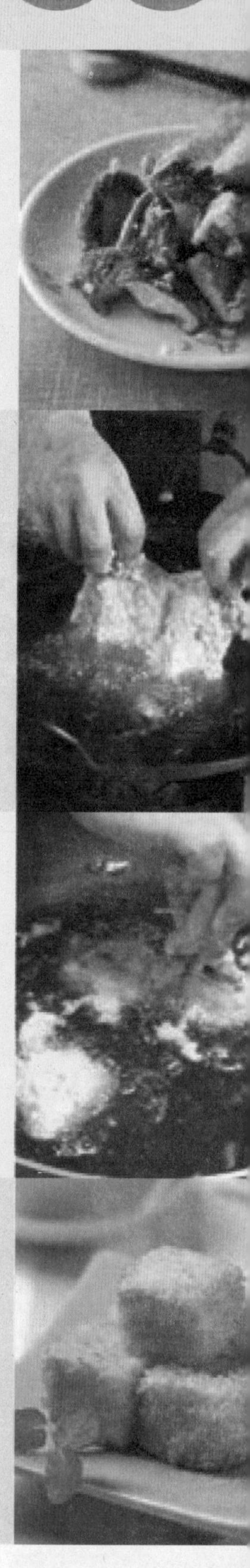

贴士 3

吉士粉遇水会变漂亮的黄色，本身又香。萝卜糕均匀沾上吉士粉再下锅炸，表面水分被吉士粉吸收，不会起油爆，炸出来也会金黄漂亮、香又酥脆。

贴士 4

低油温（80~100℃）只有细小油泡产生；粉浆滴进油锅底部后，必须稍等一下才会浮起来。中油温（120~150℃）油泡会往上升；粉浆滴进油锅，一降到了油锅底部后，马上就会浮起来。高油温（160℃以上）周围的产生许多油泡；粉浆滴进油锅，尚未到油锅底部马上浮起来。

贴士 5

用划十字的方式来搅拌面衣材料，这是为了不让太多的空气进入面衣中，并免面衣失去黏性，容易使油炸好的食材和面衣分离。

贴士 6

想要知道炸物是否已经熟成，只要注意观察食材周围的油泡就行了，食材下锅油炸时，油的泡泡会很多，随着油炸的时间变长，泡泡会慢慢的转少且变细小，这时炸物已经可以捞起，若是发现细小油泡都消失了，那就表示已经炸过头了。

贴士 7

鱿鱼像要呈现漂亮的卷曲及明显的交叉状的花纹，切法跟切的位置可是很重要。必须在鱿鱼的内侧斜切花刀，若是在筋膜分布的外皮切不但无法漂亮卷曲，交叉的纹路也会无法突显。

贴士 8

要炸豆腐保持外观完好、美观，还能让豆腐外表酥脆保持水分不流失的方法，就是先沾裹粉再沾上蛋夜，最后再裹上面包粉下锅油炸，这种方式又称作吉利炸，简单又容易成功。

油炸料理的保存方法

PART 5

炸物大变身

油炸的食物刚炸好热腾腾香喷喷的，令人垂涎三尺。但是一旦放冷了或隔餐食用，常常会发现外皮变得又韧又湿，实在难以入口，想要丢掉又觉得浪费。马上告诉你几个方法，让你的油炸食物起死回生喔。

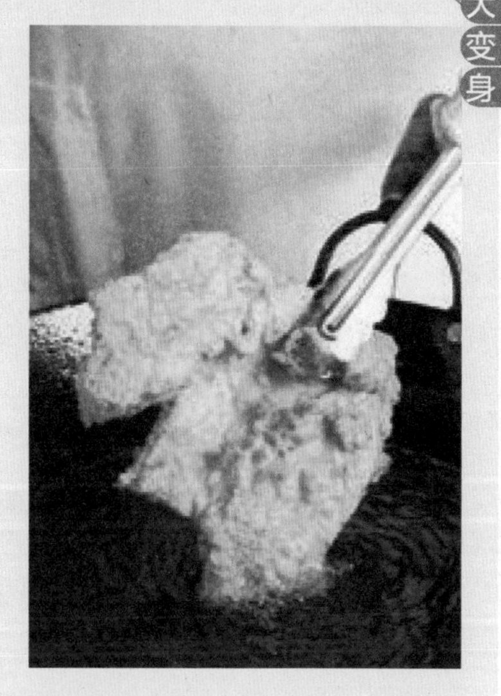

选择适当的容器

保存未食用完毕的油炸物，以能密封的保鲜盒为最佳选择，因为密封效果最好，可避免炸物的美味与水分被冰箱吸收，同时固体的盒身可以防止挤压碰撞而破碎或使外皮脱落，若没有可用的保鲜盒，建议可以使用双层的塑料袋，或是以适当大小的碗或盘搭配保鲜膜取代。保存的容器在使用前一定要先洗净并将水分完全擦干，否则残留的水气会加速美味的变质，同时使外皮变软。

入锅再次油炸

冰箱中取出的油炸物，如果要加热最好还是以油炸的方式，口感与原本的差异最小，油炸时应以较低温的热油，才不会使已经炸至金黄色的外表炸得过黑，而中心还是冷的，油炸后可以重新加一点辛香料或调味粉，可使味道较有新鲜感。

以烤箱再次加热

若不方便准备一锅油油炸，也可以利用烤的方式加热，但要记得先在表面喷洒一点冷开水，表面才不会烤得太干，这样才可以维持原本的嫩度。进烤箱时最好能尽量将炸物摊平才能均匀受热，如此可以快一点烤热，而且也不会上面烤热了，下面覆盖住的却还是冷冷的情形。

炸物食材保鲜重点

常见根茎类选购诀窍

根茎类的蔬菜较耐放，因此市售的根茎类外观通常不会太糟，因此选购时注意表面无明显伤痕即可，重要的是要轻弹几下查看是否空心，因为根茎类的通常是从内部开始腐败，此外像土豆如果已经发芽千万别选 。

常见炸物蔬菜保鲜诀窍

洋葱、萝卜、牛蒡、山药、地瓜、芋头、莲藕等根茎类只要保持干燥放置通风处通常可以存放很久，放进冰箱反而容易腐坏，尤其是土豆冷藏后会加快发芽。

肉类的保存

买回来的食材，若一餐吃不完，一定要马上先分装处理好，贴上写好采买日期的标签后再放入冰箱冷冻库，以利保鲜。一买回来就先将肉品分成几等份，每一等份的分量为一餐可食用完的分量为佳，以塑料袋分开包装，减少与空气接触的机会，记得肉片都要平铺好在放入袋中，若是传统市场买的肉片，则要多加一道清洗的手续，以厨房纸巾轻轻吸干水分后才能装袋。不过冰箱不是万能的，冷冻太久也会让肉品的鲜美味道降低，而且也会造成肉质干涩、口感变差，冰冻最好不要超过 1 个月，若是放在冷藏室中则只有 3 天的保鲜期限。

肉类料理前的解冻

解冻是肉品很重要的前处理动作，最好的方式是将肉品放在一个大碗或盆（依分量多寡而定）中，提前 12 小时到 1 天的时间从冷库室移放置冷藏室，慢慢的退冰，放入大碗或盆中主要是怕在退冰过程有水分渗出，影响冰箱的干净，千万不要直接拿出来放在水槽中冲水，放在冷水中利用室温强力退冰，这种方式很容易滋生细菌，尤其是夏天温度较高，这样就不只影响风味，还容易食物中毒唷！还有一个重点，重覆退冰再冷冻的动作，会破坏肉的纤维及新鲜度，若是肉因冷冻过久而出现略青的颜色，或是有轻微的腥臭味，就表示不新鲜了。

343 糖醋排骨

材料。ingredient

排骨500克，蒜末5克，姜末5克，洋葱片30克，红甜椒片30克，青甜椒片30克，菠萝片40克，水200毫升，水淀粉适量，面粉1大匙

调味料。seasoning

细砂糖2大匙，盐1/4小匙，白醋2大匙，番茄酱3大匙

腌料。pickle

米酒1小匙，盐1/4小匙，细砂糖1/4小匙，鸡蛋1/3个，淀粉（树薯淀粉）1小匙

做法。recipe

1.排骨洗净加入所有腌料腌1个小时，加入面粉拌匀备用。
2.热锅，倒入稍多的油，待油温热至160℃，将排骨放入锅中炸约4分钟至熟且上色，捞出沥油备用。
3.锅中留约1大匙油，加入蒜末、姜末爆香，放入洋葱片炒软，再放入红甜椒片、青甜椒片炒匀，取出材料备用。
4.于锅中放入所有调味料及水煮沸，以水淀粉勾芡，最后加入排骨、做法3材料及菠萝片拌匀即可。

344 香槟排骨

材料。ingredient

排骨500克

调味料。seasoning

A.盐1/4小匙，细砂糖1小匙，米酒1大匙，蛋清1大匙，小苏打1/8小匙
B.吉士粉3大匙
C.柠檬汁2大匙，香槟2大匙，汽水3大匙，细砂糖2大匙
D.水淀粉1小匙，香油1大匙

做法。recipe

1.排骨剁小块，放入调味料A拌匀腌约20分钟后加入吉士粉拌匀备用。
2.热一锅，放入400毫升油烧至约150℃，将排骨下锅，以小火炸约5分钟后起锅沥干油。
3.另热一锅放入调味料C，小火煮滚后用水淀粉勾芡，续放入排骨迅速翻炒，至芡汁完全被排骨吸收后，关火加入香油拌匀即可。

345 橙汁排骨

材料。ingredient

猪腩排300克，橙子3个，水淀粉1/2小匙

调味料。seasoning

浓缩橙汁1大匙，白醋1.5大匙，细砂糖1小匙，盐1/4小匙

腌料。pickle

盐1/4小匙，细砂糖1/4小匙，小苏打粉1/2小匙，淀粉（树薯淀粉）1小匙，卡士达粉1小匙，面粉1大匙

做法。recipe

1.猪腩排剁成小块，冲水15分钟去腥膻，沥干备用。
2.将猪腩排块加入腌料，并不断搅拌至粉完全吸收，静置30分钟备用。
3.将2个橙子榨汁即为橙汁、1个切4片备用。
4.将猪腩排块放入160℃的油锅中，以小火炸3分钟，关火2分钟再开大火2分钟，捞出沥油盛盘。
5.取锅放入所有调味料、橙汁和4片橙片煮匀，再加入水淀粉勾芡，最后淋入盘中即可。

346 京都排骨

材料。ingredient

排骨500克，熟白芝麻少许

调味料。seasoning

A.盐1/4小匙，细砂糖1小匙，米酒1大匙，水3大匙，蛋清1大匙，小苏打1/8小匙
B.低筋面粉1大匙，淀粉（树薯淀粉）1大匙，色拉油2大匙
C.A1酱1大匙，梅林辣酱油1大匙，白醋1大匙，番茄酱2大匙，细砂糖5大匙，水3大匙
D.水淀粉1小匙，香油1大匙

做法。recipe

1.排骨剁小块洗净，用调味料A拌匀腌约20分钟后，加入低筋面粉及淀粉拌匀，再加入色拉油略拌备用。
2.热锅，倒入约400毫升油，待油温烧至约150℃，将排骨下锅，以小火炸约4分钟后起锅沥干油备用。
3.另热一锅，以小火煮滚调味料C后用水淀粉勾芡。
4.续于做法3中加入排骨，迅速翻炒至芡汁完全被排骨吸收后，熄火下香油及熟白芝麻拌匀即可。

347 蒜香排骨酥

材料。ingredient

排骨600克，小黄瓜2条，红辣椒1根，地瓜粉2大匙，蒜片少许，蒜仁5个

调味料。seasoning

蛋液1大匙，淀粉（树薯淀粉）1大匙，鸡高汤3大匙，盐1小匙，鸡粉1小匙

腌料。pickle

细砂糖1大匙，盐1/2大匙，酱油2大匙，蒜末少许，葱段少许

做法。recipe

1.腌料全部混合调匀后，将洗净沥干水分的排骨，加入腌料稍搅拌，放着腌渍约30分钟后，裹上调匀的蛋液及淀粉，再裹上薄薄一层的地瓜粉，备用。
2.小黄瓜洗净切块；红辣椒切长段，备用。
3.热油锅，油温烧至约170℃时，放入排骨炸约4分钟后，转大火炸1分钟捞起沥油。
4.热锅，加少许油和蒜片爆香，加入鸡高汤、盐、鸡粉、小黄瓜块、红辣椒段后，转小火慢煮待汤汁略收后，加入蒜仁拌炒约10秒即可。

348 椒盐排骨

材料。ingredient

排骨……………300克
葱花……………30克
蒜末……………15克
红辣椒末…………15克

调味料。seasoning

A.盐……………1/4匙
鸡粉……………1/4匙
细砂糖…………1/2匙
小苏打…………1/8匙
蛋清……………1大匙
米酒……………1/2匙
水……………1大匙
淀粉（树薯淀粉）……………3大匙
B.椒盐粉…………1小匙

做法。recipe

1.将排骨剁成小块，洗净沥干。
2.调味料A调匀，将排骨放入腌约30分钟。
3.热一锅，下2碗油烧热至约160℃，将排骨一块一块入油锅，小火炸约12分钟至表面酥脆后捞起。
4.洗净锅，放入少许油，小火爆香葱花、蒜末及红辣椒末，放入排骨及撒上调味料B后小火炒匀即可。

349 葱酥排骨

材料 • ingredient

排骨……………400克
红辣椒……………2根
葱花……………40克
红葱酥……………30克

调味料 • seasoning

A.盐…………1/4小匙
细砂糖………1小匙
米酒…………1大匙
水……………3大匙
蛋清…………1大匙
小苏打……1/8小匙
B.淀粉（树薯淀粉）
……………3大匙
色拉油………2大匙
C.胡椒盐………2小匙

做法 • recipe

1.排骨剁小块洗净，用调味料A拌匀腌约20分钟后，加入淀粉拌匀，再加入色拉油略拌；红辣椒切末，备用。
2.热锅，倒入约400毫升的油（材料外），待油温烧至约150℃，将排骨下锅，以小火炸约6分钟后起锅沥油备用。
3.锅中留约1大匙油，热锅后以小火炒香葱花及红辣椒末。
4.再加入排骨及红葱酥炒匀，撒上胡椒盐拌匀即可。

350 香酥猪肋排

材料 · ingredient

排骨……………300克
蒜头酥……………20克
红葱酥……………10克
红辣椒末…………5克

调味料 · seasoning

A.盐………………1/4匙
鸡粉…………1/4匙
细砂糖………1/2匙
苏打粉………1/8匙
蛋清…………1大匙
米酒…………1/2匙
水……………1大匙
淀粉（树薯淀粉）
………………3大匙
B.椒盐粉………1小匙

做法 · recipe

1.排骨剁成小块，洗净沥干水分，备用。
2.所有调味料A调匀，放入排骨块腌约30分钟。
3.热锅，倒入约500毫升的色拉油烧热至油温约150℃，将排骨一块块放入油锅中，以小火慢炸约10分钟至排骨块表面酥脆后捞起沥油。
4.另热一锅，放入少许色拉油烧热，以小火炒香蒜头酥、红葱酥及红辣椒末，加入排骨块，再撒上椒盐粉，以小火拌炒均匀即可。

351 菠萝猪排

材料 · ingredient

罐头菠萝…………80克
韩式炸猪排………1块
（做法请参考P141）
红甜椒……………20克

调味料 · seasoning

A.白醋…………3大匙
细砂糖………3大匙
菠萝罐头汁·2大匙
B.水淀粉………1小匙
香油…………1小匙

做法 · recipe

1.韩式炸猪排洗净切小块，盛盘备用。
2.罐头菠萝取出小块（罐头汤汁保留）；红甜椒去籽洗净切小块，备用。
3.热锅下1大匙色拉油（材料外），以小火炒香红甜椒块和菠萝块，加入所有调味料A煮开，倒入水淀粉勾芡再洒上香油，最后淋至韩式炸猪排块上即可。

352 莎莎猪排

材料 · ingredient

蓝带奶酪猪排1块（做法请参考P62），西红柿1/2个，红辣椒1根，蒜仁2个，香菜3克，洋葱20克

调味料 · seasoning

盐1/6小匙，柠檬汁1小匙，细砂糖1/2小匙

做法 · recipe

1.西红柿汆烫去皮后切碎；红辣椒、蒜仁、香菜洗净切碎；洋葱去皮切碎，备用。
2.将做法1所有材料加入所有调味料拌匀即为莎莎酱，备用。
3.蓝带奶酪猪排切小块，淋上莎莎酱即可。

美味小秘诀

肉排内夹奶酪，建议使用焗烤用的奶酪，加热后会有粘稠感，再淋上莎莎酱，浓郁的奶酪加上酸辣的酱汁，非常对味。

353 糖醋猪排

材料 ◦ ingredient

厚片猪排…………1块
（做法请参考P150）
青椒………………40克
洋葱………………40克

调味料 ◦ seasoning

A. 白醋…………3大匙
番茄酱………2大匙
细砂糖………4大匙
水……………2大匙
B. 水淀粉………1小匙
香油…………1小匙

做法 ◦ recipe

1.厚片猪排洗净切小块盛盘，备用。
2.青椒洗净去籽后切丝；洋葱去皮切丝，备用。
3.热锅下1大匙色拉油（材料外），以小火炒香青椒丝和洋葱丝，加入所有调味料A煮开，以水淀粉勾芡再洒上香油，淋至猪排上即可。

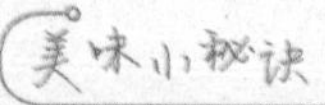

美味小秘诀

以厚片猪排再做变化，借由酸甜的酱汁搭配上酥脆的炸排，佐一点清甜的蔬菜，去油腻又下饭。

354 日式凉拌猪排

材料 ◦ ingredient

海苔猪排…………1块
（做法请参考P133）
圆白菜……………50克
红甜椒……………20克
熟白芝麻……1/2小匙

调味料 ◦ seasoning

日式酱油………1大匙
柠檬汁………1/4小匙
细砂糖………1/2小匙

做法 ◦ recipe

1.海苔猪排洗净切小块，备用。
2.红甜椒洗净去籽、切条，备用。
3.所有调味料调匀成酱汁，备用。
4.圆白菜洗净切丝，沥干水分后盛盘，摆上海苔猪排块和红甜椒条，淋上酱汁后撒上熟白芝麻即可。

美味小秘诀

除了圆白菜之外，你也可以选择生菜等口感清脆的叶菜来垫底，搭配上酥脆的炸猪排，风味十足。

355 洋葱烩猪排

材料 ◦ ingredient

黑胡椒猪排2片（做法请参考P140），洋葱1/2个，蒜仁2个

调味料 ◦ seasoning

A.粗黑胡椒粉1/2小匙，A1酱1小匙，水2大匙，盐1/6小匙，细砂糖1/2小匙

B.水淀粉1/2小匙，香油1小匙

做法 ◦ recipe

1.黑胡椒猪排切小块，盛盘备用。

2.洋葱去皮切丝；蒜仁切碎，备用。

3.热锅下1大匙色拉油，以小火爆香洋葱丝和蒜碎，加入粗黑胡椒粉略翻炒几下，再加入其余材料A拌匀，倒入水淀粉勾芡，再洒上香油拌炒均匀后淋至黑胡椒猪排上即可。

356 塔香猪排

材料 · ingredient

金黄炸猪排 ………2片
（做法请参考P154）
罗勒叶 ……………10克
蒜末…………………20克
红辣椒末…………5克

调味料 · seasoning

陈醋………………1大匙
水 …………………1大匙
细砂糖 …………1小匙
色拉油 ………… 2大匙

做法 · recipe

1.金黄炸猪排切小块，盛盘备用。
2.罗勒叶洗净沥干水分，切碎备用。
3.热锅加入少许色拉油，以小火爆香蒜末、罗勒碎、红辣椒末，加入所有调味料煮开后起锅，淋至金黄炸猪排块上即可。

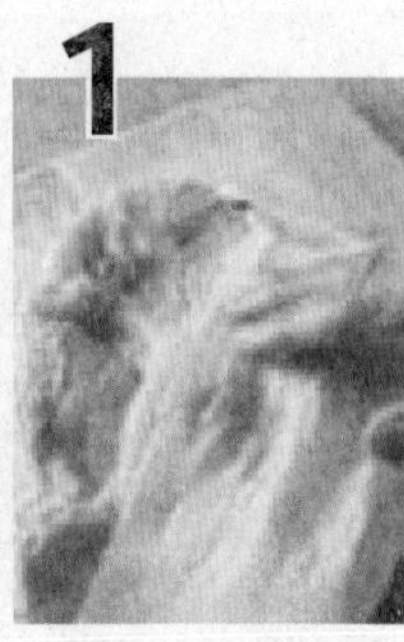

357 椒麻鸡

材料 ◦ ingredient

去骨鸡腿排1片，圆白菜丝10克

调味料 ◦ seasoning

香菜碎适量，柠檬汁适量，花椒粉1小匙，辣油1大匙，香油1小匙，盐少许，白胡椒粉少许

腌料 ◦ pickle

蒜片适量，香茅段适量，酱油1大匙，香油1小匙，盐少许，白胡椒粉少许

炸粉 ◦ fried flour

鸡蛋1个，面粉50克，水35毫升

做法 ◦ recipe

1. 所有调味料放入容器中混合均匀，即为泰式椒麻酱。
2. 去骨鸡腿排洗净，用餐巾纸吸干水分后（见图1），放入混合的腌料中腌渍约30分钟备用（见图2）。
3. 将腌鸡排均匀沾上拌匀的炸粉材料，放入油温约190℃的油锅中，炸成两面金黄滤油备用（见图3）。
4. 取一盘铺上圆白菜丝，将炸熟的鸡腿排切片放入盘中（见图4），最后再均匀淋上泰式椒麻酱即可。

358 椒盐炒鸡

材料 · ingredient

沙茶鸡排…………1块
（做法请参考P187）
葱……………………3根
蒜仁………………20克
红辣椒……………1根

调味料 · seasoning

胡椒盐………1/8小匙

做法 · recipe

1.沙茶鸡排切小块，备用。
2.葱洗净切葱末；红辣椒洗净切末；蒜仁洗净切碎，备用。
3.热锅下1大匙色拉油（材料外），以小火爆香葱末、蒜碎以及红辣椒末，放入沙茶鸡排块，再撒上胡椒盐，以大火快炒约5秒，拌炒均匀即可。

359 糖醋鸡排

材料 · ingredient

腐乳鸡排…………1块
（做法请参考P185）
红甜椒……………40克
黄甜椒……………40克
蒜仁…………………5克

调味料 · seasoning

陈醋……………3大匙
细砂糖…………3大匙
水………………2大匙

做法 · recipe

1.腐乳鸡排切小块盛盘，备用。
2.红、黄甜椒洗净去籽后切块；蒜仁切末，备用。
3.热锅下1大匙色拉油，以小火炒香蒜末，加入红、黄甜椒块，加入所有调味料，煮开后淋至腐乳鸡排块拌匀即可。

360 宫保鸡排

材料 ◦ ingredient

茴味鸡排…………1块
（做法请参考P189）
干辣椒…………30克
葱………………适量
蒜仁………………5克
蒜香花生…………40克
香菜碎…………适量

调味料 ◦ seasoning

胡椒盐…………适量

做法 ◦ recipe

1.茴味鸡排洗净切小块，备用。
2.干辣椒切小段；葱洗净切小段；蒜仁切碎，备用。
3.热锅倒入1大匙色拉油，以小火爆香干辣椒段、葱段、香菜碎以及蒜仁碎，放入鸡排块，以大火快炒约5秒，再加入蒜香花生、胡椒盐拌炒均匀即可。

361 黄瓜拌鸡排

材料 ◦ ingredient

脆皮炸鸡排………1块
（做法请参考P34）
小黄瓜…………120克
蒜末……………1小匙

调味料 ◦ seasoning

酱油膏…………1大匙
白醋…………1/2小匙
细砂糖………1/2小匙
香油……………1大匙

做法 ◦ recipe

1.小黄瓜去头尾，拍破后切粗条；脆皮鸡排切粗条，备用。
2.所有调味料调匀，备用。
3.将做法1所有材料放入盆中，加入蒜末和做法2酱料拌匀即可。

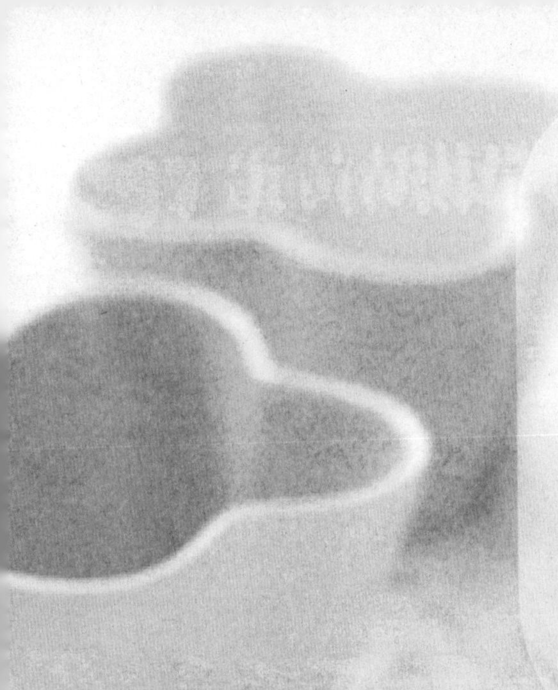

362 柴鱼芥末鸡排

材料 ◦ ingredient

香辣鸡排…………1块
（做法请参考P185）
红甜椒…………10克
柴鱼丝…………4克

调味料 ◦ seasoning

芥末籽酱………2大匙
沙拉酱…………1大匙

做法 ◦ recipe

1. 香辣鸡排切小块盛盘；红甜椒去籽洗净后切小丁，备用。
2. 芥末籽酱和沙拉酱拌匀，备用。
3. 将柴鱼丝撒在香辣鸡排块上，挤上酱料，再撒上红甜椒丁即可。

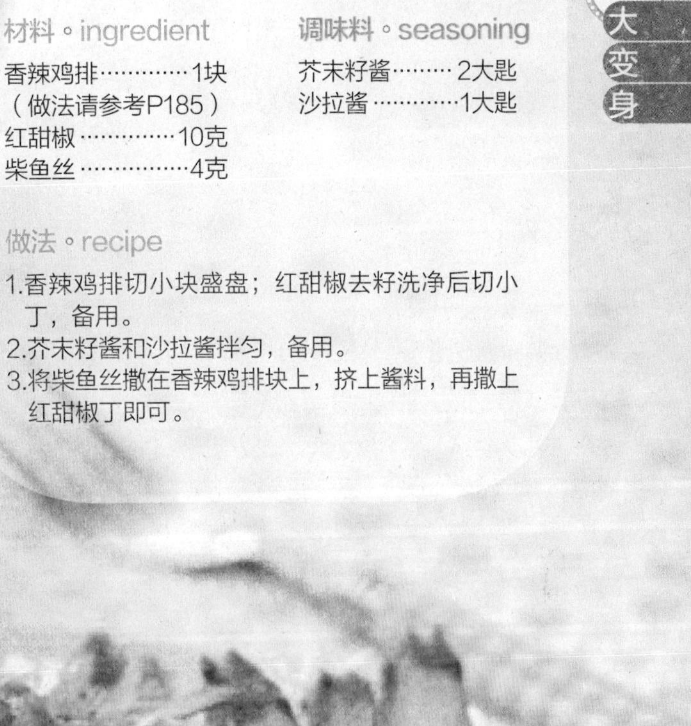

363 亲子烧鸡排

材料 · ingredient

芝麻鸡排…………1块
（做法请参考P187）
青椒………………25克
红甜椒……………25克
洋葱………………30克
鸡蛋…………………1个

调味料 · seasoning

奶油…………………5克
味醂……………1大匙
鲣鱼酱油……… 2小匙
柴鱼汁……… 150毫升

做法 · recipe

1.青椒、红甜椒去籽洗净后切丝；洋葱洗净去皮后切丝，备用。
2.芝麻鸡排切块；鸡蛋打散成蛋液，备用。
3.热平底锅，放入奶油，以小火融化奶油后放入洋葱丝以小火炒香，倒入柴鱼汁、鲣鱼酱油以及味醂，改中火煮开。
4.于锅中加入芝麻鸡排块，煮约30秒后淋上蛋液，略滚约5秒后熄火起锅即可。

364 宫保鸡丁

材料 · ingredient

鸡腿肉400克，蒜末5克，葱段40克，宫保5克，花生米2大匙

调味料 · seasoning

A.酱油1大匙，淀粉（树薯淀粉）1大匙，米酒1小匙，蛋液1大匙
B.白醋2小匙，酱油1.5大匙，水1大匙，细砂糖2小匙，淀粉（树薯淀粉）1/2小匙
C.香油1大匙

做法 · recipe

1.鸡腿肉洗净断筋后切小块，用调味料A抓匀腌渍1分钟，加入1大匙油（材料外）拌匀；将调味料B调匀成兑汁，备用。
2.热油锅，将油温烧至150℃，放入鸡腿肉块，以中火油炸约2分钟至熟后，捞起沥干油备用。
3.热锅，放入1大匙油，小火爆香宫保、葱段、蒜末，再加入鸡腿块大火快炒10秒，边炒边将兑汁淋入炒匀，最后加入花生米及香油炒匀即可。

365 西柠鸡

材料。ingredient

去骨鸡腿1只，水120毫升，吉士粉1/2小匙，淀粉（树薯淀粉）1小匙，柠檬1个，油300毫升

调味料。seasoning

水120毫升，柠檬汁3大匙，细砂糖4大匙，盐1/4小匙

腌料。pickle

盐1/4小匙，细砂糖1/2小匙，绍兴酒1小匙，淀粉（树薯淀粉）3小匙，鸡蛋1/2个

做法。recipe

1.去骨鸡腿洗净，以腌料腌约15分钟；柠檬切片，备用。
2.热一锅，倒入适量色拉油烧热至约160℃，放入去骨鸡腿，以小火炸约5分钟，再转中火炸约3分钟后捞出。
3.将淀粉、吉士粉加水混合备用。
4.取一锅，放入所有调味料、柠檬片加热至沸腾，倒入做法3的粉水勾芡。
5.将鸡腿切块，淋上调味汁即可。

366 墨西哥鸡肉卷饼

材料。ingredient

鸡胸肉……80克
洋葱丝……10克
小黄瓜丝……10克
墨西哥饼皮（市售）2片

调味料。seasoning

A.盐……1/4小匙
蛋液……20毫升
欧芹碎……少许
自制脆浆粉…2大匙
（做法请参考P11）
墨西哥辣椒粉‥少许
B.美乃滋……少许

做法。recipe

1.鸡胸肉洗净去皮，切成粗丝放入料理盆中备用。
2.将调味料A依序倒入做法1材料中，搅拌均匀备用。
3.热锅，倒入适量的油，油温热至150℃时，将鸡胸肉丝放入油锅中，以中火炸熟起锅沥油备用。
4.将墨西哥饼皮放在干平底锅上烤热后取出。
5.于墨西哥饼皮上，加上美乃滋、鸡胸肉丝、洋葱丝及小黄瓜丝后卷起即可。

367 酥炸鸡柳凯萨沙拉

材料 ◦ ingredient

鸡柳条…………80克
凯萨酱…………2大匙
吐司…………1片
生菜…………少许
奶酪粉…………适量

调味料 ◦ seasoning

红椒粉………1/4小匙
自制脆浆粉……1大匙
（做法请参考P11）
蛋液…………20毫升

做法 ◦ recipe

1.将调味料拌匀成粉浆备用。
2.鸡柳条洗净沥干，均匀沾裹上粉浆备用。
3.热锅，倒入适量的油，油温热至150℃时，将鸡柳条放入油锅中，以中火炸熟起锅沥油备用。
4.吐司切丁放入油锅中，炸至金黄酥脆起锅沥油备用。
5.将生菜撕成片状摆盘，放上鸡柳条、吐司再淋上凯萨酱，撒上奶酪粉即可。

368 塔香炸鸡丁

材料 · ingredient

鸡胸肉2片，蒜仁3个，花生1大匙，红辣椒片1/3根，九层塔碎1大把

调味料 · seasoning

盐少许，白胡椒粉少许，酱油1小匙，香油1小匙

腌料 · pickle

米酒1大匙，香油1大匙，淀粉（树薯淀粉）1大匙，细砂糖少许，盐少许，白胡椒少许

做法 · recipe

1.将鸡胸肉切成小丁状；所有腌料材料一起加入容器中搅拌均匀，备用。
2.取鸡胸丁放入腌料中，抓均约15分钟，接着放入约180℃的油锅中炸成金黄色，捞出沥油。
3.热一炒锅，加入1大匙油，放入蒜仁、红辣椒片爆香，接着放入鸡胸肉丁与所有调味料炒匀，最后放入花生、九层塔碎炒匀即可。

369 法式松露炸鸡卷

材料 · ingredient

松露……………… 少许
鸡腿 ………………2只
西芹……………… 10克
洋葱……………… 少许
胡萝卜 …………… 10克

调味料 · seasoning

A.鲜奶油……… 20毫升
鸡粉…………1/4小匙
B.蛋液 ………… 20毫升
自制脆浆粉 …2大匙
（做法请参考P11）

做法 · recipe

1.鸡腿洗净；鸡腿皮小心剥下来保留；将鸡腿肉去骨，备用。
2.将鸡腿肉剁碎；其余材料剁碎，备用。
3.将调味料A加入做法2的材料拌匀成内馅备用。
4.将做法1保留的鸡皮填入做法3的内馅。
5.将调味料B拌匀成粉浆后，将做法4的鸡腿均匀沾上粉浆。
6.热锅，倒入适量的油，油温热至150℃时，将鸡腿放入油锅中，以中火炸至表面金黄、内馅熟透即可。

370 甜椒炸鸡肉串

材料 · ingredient

黄甜椒块…………4块
红甜椒块…………4块
鸡腿肉 …………80克

调味料 · seasoning

盐 …………… 1/4小匙
牛奶…………10毫升
白酒…………… 5毫升
蒜粉………… 1/4小匙
自制脆浆粉 …… 2大匙
（做法请参考P11）

做法 · recipe

1.鸡腿肉去皮切丁；所有调味料拌匀成粉浆备用。
2.将鸡腿肉丁均匀沾裹上粉浆。
3.热锅，倒入适量的油，油温热至150℃时，将鸡腿丁放入油锅中，以中火炸至表面金黄熟透，捞起沥油备用。
4.以竹签串上黄、红甜椒块及鸡腿丁后，放入油锅中，以150℃炸至黄甜椒、红甜椒块略焦即可。

371 果香鸡肉串

材料。ingredient

香蕉丁 …………… 少许
猕猴桃丁 ………… 少许
鸡胸肉 ……………80克

调味料。seasoning

细砂糖 ……… 1/4小匙
蛋液…………… 20毫升
卡士达粉……… 2大匙
自制脆浆粉 …… 2大匙
（做法请参考P11）

做法。recipe

1.鸡胸肉洗净去皮切小块；所有调味料拌匀成粉浆，备用。
2.将鸡胸块均匀沾裹上粉浆。
3.热锅，倒入适量的油，油温热至150℃时，将鸡胸块放入油锅中，以中火炸至表面金黄熟透，捞起沥油备用。
4.以竹签串上猕猴桃丁、香蕉丁及鸡胸块后，放入油锅中，以150℃略炸即可。

372 杏仁蔬菜鸡肉丸

材料。ingredient

鸡胸肉 ……………80克
西芹末 ……………5克
洋葱末 ……………10克
杏仁片 ………… 30克

调味料。seasoning

鲜奶油 ……… 20毫升
鸡粉………… 1/4小匙

做法。recipe

1.鸡胸肉去皮洗净后剁成泥备用。
2.将所有调味料与鸡肉泥、洋葱末混合拌匀后，挤捏出成丸状备用。
3.将鸡肉丸沾上杏仁片备用。
4.热锅，倒入适量的油，油温热至150℃时，将鸡肉丸放入油锅中，以中火炸至表面金黄熟透即可。

373 蜂蜜胚芽炸鸡法式吐司

材料 ◦ ingredient

棒棒腿……………2只
吐司…………………1片
西生菜叶…………2片

调味料 ◦ seasoning

A.牛奶………30毫升
蛋液………30毫升
B.蜂蜜………20毫升
大麦胚芽……1大匙

做法 ◦ recipe

1.棒棒腿洗净去骨；调味料B拌匀，备用。
2.将吐司均匀沾裹上已混合均匀的调味料A备用。
3.热锅，倒入适量的油，将吐司煎至两面呈金黄色，起锅备用。
4.棒棒腿裹上调味料B，放入150℃的油锅中，以中火炸至表面金黄熟透后，捞起沥油备用。
5.将棒棒腿以吐司及西生菜夹起后对切即可。

374 炸鸡肉慕斯

材料 · ingredient

鸡胸肉……………80克
洋葱………………10克

调味料 · seasoning

A.细砂糖 …… 1/4小匙
白酒…………10毫升
鲜奶油 …… 30毫升
鸡粉……… 1/4小匙
B.自制脆浆粉‥3大匙
（做法请参考P11）

做法 · recipe

1.鸡胸肉去皮洗净后，用刀背押成泥（见图1），再剁成更细致，洋葱切末备用（见图2）。
2.将调味料A与洋葱末依序加入鸡肉泥中拌匀（见图3），再挤捏成丸状。
3.再将鸡肉丸沾上脆浆粉备用（见图4）。
4.热锅，倒入适量的油，油温热至150℃时，将鸡肉丸放入油锅中，以中火炸至表面金黄熟透即可。

375 红茶炸鸡三明治

材料。ingredient

鸡腿排……………80克
吐司片……………3片
生菜………………少许
洋葱片……………少许
小黄瓜片…………少许

调味料。seasoning

红茶……………20毫升
蛋液……………10毫升
柠檬胡椒粉‥1/4小匙
自制脆浆粉……2大匙
（做法请参考P11）

做法。recipe

1.将所有调味料拌匀成粉浆备用。
2.将鸡腿排洗净均匀沾裹上粉浆备用。
3.热锅，倒入适量的油，油温热至150℃时，将鸡腿排放入油锅中，以中火炸至表面金黄起锅沥油备用。
4.吐司稍微烤硬后，夹入鸡腿排、小黄瓜片、洋葱片、生菜后对切即可。

376 巧克力炸鸡贝果

材料。ingredient

鸡柳条……………80克
贝果……………………1个
生菜 ……………… 少许

调味料。seasoning

A.巧克力酱 ……… 少许
巧克力米……… 少许
B.细砂糖…………1小匙
盐 …………… 1/4小匙
牛奶………… 20毫升
自制脆浆粉 … 2大匙
（做法请参考P11）

做法。recipe

1.贝果放入烤箱中，略烤至两面呈金黄色，取出切开备用。
2.将鸡柳条均匀沾裹上已混合调味料B备用。
3.热锅，倒入适量的油，油温热至150℃时，将鸡柳条卷放入油锅中，以中火炸至表面金黄熟透取出。
4.将鸡柳条均匀沾裹上巧克力酱、再撒上巧克力米后放至凉。
5.将贝果夹入鸡柳条及生菜即可。

377 炸鸡潜艇堡

材料。ingredient

鸡胸肉……………80克
生菜………………… 少许
西红柿片…………2片
小黄瓜片………… 少许
潜水艇堡…………1个

调味料。seasoning

A.盐……………… 1/4小匙
蛋液…………20毫升
柠檬胡椒粉 ‥1/4小匙
自制脆浆粉 ……2大匙
（做法请参考P11）
B.美乃滋……………少许

做法。recipe

1.鸡胸肉洗净去皮备用。
2.将调味料A拌匀成粉浆备用。
3.将鸡胸肉均匀沾裹上粉浆备用。
4.热锅，倒入适量的油，油温热至150℃时，将鸡胸肉放入油锅中，以中火炸至表面金黄起锅沥油备用。
5.将潜水艇堡切开，放入生菜、西红柿片、小黄瓜片、美乃滋与炸鸡胸肉即可。

378 香蒜鲷鱼片

美味炸物

材料。ingredient

A.鲷鱼片……100克
葱……1根
蒜仁……6粒
红辣椒……1/2条
B.中筋面粉……7大匙
淀粉（树薯淀粉）……1大匙
色拉油……1大匙
吉士粉……1小匙

调味料。seasoning

盐……1/2小匙
七味粉……1大匙
白胡椒粉……少许

做法。recipe

1.鲷鱼片洗净切小片，均匀沾裹混合的材料B；蒜仁切片；葱切小片；红辣椒切菱形片，备用。
2.热锅倒入稍多的油，放入鲷鱼片炸熟，捞起沥干备用。
3.将蒜片放入锅中，炸至香酥即成蒜酥，捞起沥干备用。
4.锅中留少许油，放入葱片、红辣椒片爆香，再放入鲷鱼片、蒜酥及所有调味料拌炒均匀即可。

379 椒麻炒鱼柳

材料。ingredient

鲷鱼片……2片
蒜碎……适量
红辣椒片……适量
葱碎……适量
地瓜粉……2大匙

调味料。seasoning

花椒粉……1小匙
辣油……1大匙
盐……适量
白胡椒粉……适量
米酒……1大匙
香油……1小匙

做法。recipe

1.鲷鱼片略冲水沥干，切长条状，再裹上地瓜粉备用。
2.放入油温约150℃的油锅中，将鱼条炸至外观呈金黄色后，再以220℃的油温炸约5秒即捞起沥油。
3.取锅，加入少许油烧热，加入蒜碎、红辣椒片、葱碎和所有的调味料一起爆香，再加入鱼条以中火轻轻翻炒均匀即可。

380 糖醋鲜鱼

材料。ingredient

鲜鱼1尾，葱适量，姜适量，洋葱丁50克，青椒丁40克，红甜椒丁30克

调味料。seasoning

米酒适量，盐适量，淀粉（树薯淀粉）适量，番茄酱2大匙，白醋5大匙，水3大匙，细砂糖7大匙，水淀粉1大匙，香油1小匙

做法。recipe

1.将鲜鱼洗净，取出腹部内脏，以刀在鱼身两面各划几刀，备用。
2.将葱切段、姜切片，放入大碗中，加入盐及米酒，用手以抓、压的方式腌渍，待葱和姜出汁后，取出葱姜，留下腌汁备用。
3.将鲜鱼放入大碗中，将鲜鱼全身沾泡过腌汁，再均匀沾上薄薄一层淀粉。
4.取锅加热，倒入可盖过鱼身的色拉油量，加热至180℃，将鱼放入锅中，以小火油炸，待表面定型后即可翻动，转中小火，续炸10分钟，将鱼盛盘备用。
5.另取锅加热，加入少许油，放入洋葱丁略炒香，加入青椒丁及红甜椒丁拌炒，再倒入番茄酱、白醋、水及细砂糖，煮滚后，以水淀粉勾芡，关火淋上香油，再淋在鱼上即可。

381 塔香橙汁鱼片

材料。ingredient

鲷鱼片2片，姜丝5克，新鲜九层塔2根，面粉3大匙，柠檬片适量

调味料。seasoning

柳橙汁300毫升，白胡椒粉少许，盐少许，香油1小匙

做法。recipe

1.鲷鱼片略冲水沥干，切成片状，再拍上薄薄的面粉备用。
2.放入油温约190℃的油锅中，炸至外观呈金黄色，捞起沥油。
3.取锅，加入少许油烧热，放入姜丝和新鲜九层塔略翻炒，再加入所有的调味料和鱼片烩煮约3分钟，盛盘前先挑除九层塔叶，放上柠檬片装饰即可。

美味小秘诀

橙汁带点甜腻，搭配上炸过的鱼片，吃多了容易腻，所以加入新鲜的九层塔，以特有的香气来中和甜腻的口感。

382 橙汁鱼片

材料。ingredient

香橙1个，橙汁150毫升，柠檬汁15毫升，香橙皮丝适量，旗鱼片300克，柠檬皮丝适量，水60毫升，水淀粉少许

调味料。seasoning

细砂糖1大匙，盐少许

腌料。pickle

盐少许，米酒1小匙，蛋液2大匙，淀粉（树薯淀粉）少许，地瓜粉少许

做法。recipe

1.旗鱼片加入所有腌料拌匀腌约10分钟；香橙去皮取果肉，备用。
2.热锅，倒入稍多的油，待油温热至160℃，放入鱼片炸至熟且表面上色，捞出沥油备用。
3.热锅，加入水、所有调味料煮至调味料溶化，加入橙汁、橙肉煮沸后，以水淀粉勾芡，熄火加入柠檬汁拌匀，即为橙汁酱。
4.将橙汁酱淋在鱼片上，撒上香橙皮丝与柠檬皮丝即可。

383 香酥溪哥

材料 ◦ ingredient

溪哥……………150克
葱花……………… 适量
蒜末…………………3个
红辣椒末……… 适量
地瓜粉………… 适量

调味料 ◦ seasoning

酱油……………1小匙
细砂糖 …………1小匙
米酒……………1大匙

做法 ◦ recipe

1.溪哥洗净，沾取适量的地瓜粉，放入160℃的油锅中，炸酥捞起备用。
2.锅烧热，放入少许油，加入葱花、蒜末和红辣椒末炒香。
3.再加入炸溪哥和所有调味料拌匀即可。

384 花生丁香鱼干

材料。ingredient

脆花生仁………150克
丁香鱼…………150克
蒜末………………10克
葱末………………10克
红辣椒末…………10克

调味料。seasoning

盐……………1/4小匙
细砂糖…………少许
米酒……………少许
胡椒粉…………少许

做法。recipe

1. 取锅烧热后倒入适量油，放入丁香鱼下锅略炸后捞出沥油。
2. 于锅内倒入少许油，放入蒜末、葱末、红辣椒末爆香，再放入炸过的丁香鱼及所有调味料拌炒均匀，最后加入脆花生仁拌匀即可。

385 松鼠黄鱼

材料 · ingredient

黄鱼1条（约600克），淀粉（树薯淀粉）1碗

调味料 · seasoning

A.盐1/4小匙，鸡粉1/4小匙，白胡椒粉1/4小匙，米酒1/4小匙，水100毫升

B.白醋100毫升，水50毫升，番茄酱100毫升，细砂糖5大匙

C.水淀粉2大匙，香油1大匙

做法 · recipe

1.黄鱼洗净，从鱼身两侧将鱼肉取下，在鱼肉上切花刀。
2.调味料A调匀，将鱼肉放入腌渍约2分钟。
3.将鱼下巴取下，均匀沾上淀粉，取出鱼肉沥干后沾淀粉，切口处要均匀沾到。
4.热一锅油，油温约180℃。将鱼肉及鱼下巴入锅炸至金黄酥脆后捞起摆盘。
5.另热锅，放入调味料B煮开后用水淀粉勾芡后洒上香油，淋至鱼身上即可。

386 锅贴鱼片

材料 · ingredient

鲷鱼肉 …………… 1片
切片吐司………… 4片
香菜叶 ………… 少许

调味料 · seasoning

盐 ……………… 1/4小匙
鸡粉………… 1/4小匙
白胡椒粉…… 1/4小匙
米酒………… 1/4小匙
淀粉（树薯淀粉）…………………… 1小匙
蛋黄……………… 1个

做法 · recipe

1.鲷鱼肉洗净，以厨房纸巾擦干后斜刀切成8片（长宽约4×6厘米），加入所有调味料抓匀腌约5分钟。
2.吐司去掉硬边对切成8片，将腌好的鱼片平铺在吐司上，撕一片香菜叶粘于鱼片上轻压，再静置1分钟使鱼片与吐司能粘紧。
3.热一锅油至约100℃，关小火，放入鱼片吐司小火炸至金黄色，捞出沥干即可。

387 咸酥剑虾

材料。ingredient

剑虾100克，葱1根，蒜仁3个，红辣椒1/2根，地瓜粉适量

调味料。seasoning

盐1/2小匙，白胡椒粉1小匙

做法。recipe

1.剑虾剪去长须洗净沥干，在表面撒上地瓜粉备用。
2.葱切末；蒜仁切末；红辣椒切末，备用。
3.热锅倒入稍多的油，放入剑虾炸至表面酥脆且熟，捞出沥干备用。
4.锅中留少许油，放入做法2的材料爆香，再放入剑虾及所有调味料拌炒均匀即可。

388 菠萝虾球

材料 · ingredient

虾仁150克，菠萝60克

调味料 · seasoning

柠檬汁10毫升，美乃滋40克

腌料 · pickle

盐适量，米酒适量，胡椒粉适量，香油适量，淀粉（树薯淀粉）适量

做法 · recipe

1.虾仁洗净以牙签挑去肠泥，并于背部划刀不切断，再取纸巾将虾仁水分擦干后，放入所有腌料中腌渍约10分钟。
2.热锅，倒入适量的色拉油，待油温热至约150℃，将虾仁沾裹上干淀粉，转中大火将虾仁放入锅中，炸至虾仁呈酥脆状即可捞起沥油。
3.另取一个干净的锅子，不开火，放入美乃滋及柠檬汁，再放入虾仁、菠萝拌匀即可。

389 胡椒虾

材料 · ingredient

白虾……………200克
蒜片……………………2个
红辣椒片……………1根
葱段……………………2根

调味料 · seasoning

白胡椒粉…………1大匙
盐……………………1小匙
香油…………………1小匙

做法 · recipe

1.白虾洗净沥干后，先将尖头和长虾须修剪掉。
2.将白虾拍上薄薄的面粉（材料外）备用。
3.将白虾放入油锅中略炸后捞起，另起锅，加入蒜片、红辣椒片和葱段爆香，再放入炸好的白虾和所有调味料一起翻炒均匀即可。

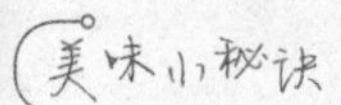

白虾先拍些面粉后，入锅油炸时较不会油爆。

390 沙拉虾球

材料 • ingredient

草虾仁200克，菠萝100克，柠檬1个，熟白芝麻少许

调味料 • seasoning

A.沙拉酱2大匙，细砂糖1大匙

B.淀粉（树薯淀粉）1碗

腌料 • pickle

盐1/6小匙，蛋清1大匙，淀粉1（树薯淀粉）大匙

做法 • recipe

1.草虾仁洗净、沥干水分后，用刀从虾背划开（深约至1/3处），用腌料抓匀腌渍约2分钟；柠檬压汁与调味料A调匀成酱汁；菠萝切片、沥干汤汁，装盘垫底；备用。

2.热一油锅，油温约180℃，将草虾仁裹上干淀粉后，放入油锅中炸约2分钟至表面酥脆即可捞起、沥干油。

3.热一锅，倒入草虾仁，淋上酱汁拌匀装盘再撒上熟白芝麻即可。

391 海苔玉米虾饼

材料 · ingredient

烧海苔4张，玉米粒100克，虾仁200克，葱花20克，姜末10克，色拉油适量

调味料 · seasoning

A.盐1/6小匙，细砂糖1/4小匙，白胡椒粉1/6小匙，淀粉（树薯淀粉）1大匙，香油1小匙

B.市售泰式甜辣酱适量

做法 · recipe

1.虾仁洗净后去肠泥，再以刀拍成泥状备用。

2.将虾泥加入所有调味料、葱花和姜末，一起拌匀成虾浆，最后放入沥干的玉米粒混合备用。

3.取一张烧海苔平摊，抹上虾浆摊平，再取1张烧海苔将其盖上后压紧边缘成一虾饼，重复此动作完成2片虾饼，用牙签在做好的虾饼表面刺洞。

4.起油锅，加热至约120℃，放入做好的虾饼，以小火慢炸并以筷子轻轻翻面，炸约4分钟至表面呈金黄色，即可取出沥油，切成小片状，蘸上泰式甜辣酱食用即可。

392 椒盐鲜鱿

材料。ingredient

A.鲜鱿鱼180克，葱末2根，蒜末20克，红辣椒末1根
B.玉米淀粉1/2杯，吉士粉1/2杯

调味料。seasoning

A.盐1/4小匙，细砂糖1/4小匙，蛋黄1个
B.白胡椒盐1/4小匙

做法。recipe

1.鲜鱿鱼洗净，剪开后去薄膜，在鱿鱼内面交叉斜切花刀后用厨房纸巾略微吸干水分。
2.鲜鱿鱼中加入调味料A拌匀。
3.将鱿鱼两面均匀的沾裹上材料B调匀的炸粉。
4.热油锅（油量需盖过鲜鱿鱼），将油烧热至160℃，再放入鱿鱼，以大火炸至表面呈金黄后捞起。
5.于锅底留下少许油，以小火爆香葱末、蒜末和红辣椒末，再加入鱿鱼和白胡椒盐，以大火快速翻炒均匀即可。

393 金沙软壳蟹

材料。ingredient

软壳蟹……………3只
咸蛋黄……………4个
葱…………………2根

调味料。seasoning

淀粉（树薯淀粉）……………1大匙
盐……………1/8小匙
鸡粉……………1/4小匙

做法。recipe

1.把咸蛋黄放入蒸锅中蒸约4分钟至软，取出后，用刀辗成泥状；葱切花备用。
2.起一油锅，热油温至约180℃，将软壳蟹裹上干淀粉下锅（无须退冰及作任何处理），以大火慢炸约2分钟至略呈金黄色时，即可捞起沥干油。
3.另起一炒锅，热锅后加入约3大匙色拉油，转小火将咸蛋黄泥入锅，再加入盐及鸡粉，用锅铲不停搅拌至蛋黄起泡且有香味后，加入软壳蟹并加入葱花翻炒均匀即可。

394 椒盐龙珠

材料 ◦ ingredient

龙珠（鱿鱼嘴）……150克
花生……10克
葱……5克
蒜仁……5克
红辣椒……5克
地瓜粉……适量
吉士粉……适量

调味料 ◦ seasoning

盐……1小匙
白胡椒粉……1小匙

做法 ◦ recipe

1.龙珠洗净放入沸水中汆烫去腥，捞起沥干均匀沾上事先混匀的地瓜粉与吉士粉；葱切末；蒜仁切末；红辣椒切末，备用。
2.热锅倒入稍多的油，放入龙珠炸熟，捞起沥干备用。
3.锅中留少许的油，放入葱末、蒜末、红辣椒末爆香，再放入龙珠和花生拌炒均匀后盛盘。
4.将调味料混合均匀，撒在龙珠上即可。

美味小秘诀

龙珠裹的粉除了地瓜粉之外，还有吉士粉，一来能炸出带有蛋黄色则且香味浓郁，又无需蛋液调成面糊，不用沾裹过多的面糊，就可以炸出又薄又酥的面衣。

附录 炸物最速配的蘸酱

不管是炸肉类、炸海鲜、炸蔬菜，所有速配的蘸酱都集合在这里，简易的调配就能万搭，非常方便。除了拿来蘸取炸物，也能与烧烤搭配使用。

395 芒果酸辣酱

材料。ingredient

芒果……………120克
辣椒粉……………2克
柠檬汁……… 50毫升
细砂糖……………30克
盐……………………1克

做法。recipe

1.芒果洗净去皮、去籽，切小块备用。
2.将芒果块和其余材料一起放入果汁机内打成泥状即可。

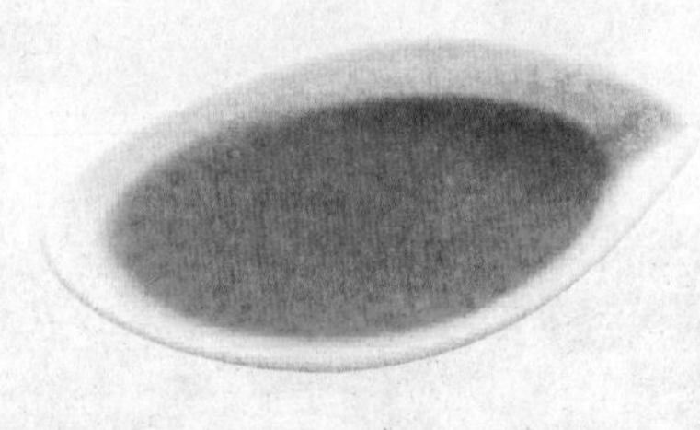

396 山葵奶油酱

材料。ingredient

绿芥末酱………40克
鲜奶油…………25克
美乃滋…………70克
细砂糖…………10克
柠檬……………10克
盐…………………2克

做法。recipe

将所有材料一起拌匀即可。

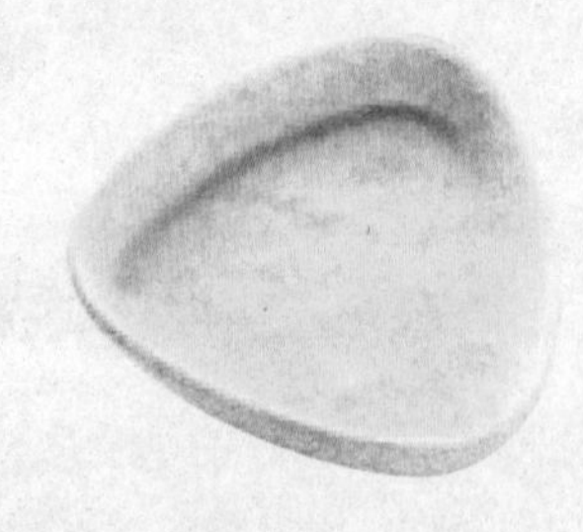

397 蛋黄胡椒酱

材料 ◦ ingredient

蛋黄……………………2个
美乃滋……………50克
洋葱………………40克
黑胡椒……………1小匙
水果醋…………50毫升
细砂糖……………20克
盐……………………1克

做法 ◦ recipe

1.蛋黄打散，加入美乃滋拌匀成蛋黄美乃滋；洋葱洗净去皮，切碎备用。
2.将蛋黄美乃滋、洋葱碎及其余材料一起拌匀即可。

398 薄荷酱

材料 ◦ ingredient

薄荷叶……………12克
黑胡椒……………1克
柠檬汁…………20毫升
盐……………………1克
水………………80毫升
麦芽糖……………80克

做法 ◦ recipe

1.薄荷叶洗净拭干水分，切碎备用。
2.取薄荷叶碎、黑胡椒、柠檬汁、盐及水，一起放入果汁机内打成薄荷泥，备用。
3.热锅，加入薄荷泥和麦芽糖，以小火煮开拌匀后熄火，置于室温下待凉即可。

399 乡村蘸酱

材料 ◦ ingredient

红酒醋…………30毫升
西红柿……………70克
洋葱………………30克
丁香粉………1/8小匙
黑胡椒……………2克
细砂糖……………20克
盐……………………2克

做法 ◦ recipe

1.西红柿洗净拭干水分，切小块；洋葱洗净去皮，切小块备用。
2.将西红柿块、洋葱块及其余材料一起放入果汁机内打成泥状即可。

400 泰式酸辣酱

材料 ◦ ingredient

A.辣椒酱 ……… 3大匙
柠檬汁 ……… 3大匙
水 ……………… 3大匙
蒜末 …………… 1小匙
细砂糖 ……… 1大匙
B.水淀粉 ……… 1小匙

做法 ◦ recipe

将材料A一起混合煮开后，用水淀粉勾芡即可。

401 蜂蜜芥末酱

材料 ◦ ingredient

蜂蜜……………… 2大匙
黄芥末酱……… 3大匙

做法 ◦ recipe

将黄芥末酱与蜂蜜混合拌匀即可。

402 橙汁风味酱

材料。ingredient

A.浓缩柳橙汁 · 2大匙
白醋………… 3大匙
橙汁………… 5大匙
盐………… 1/6小匙
细砂糖……… 3大匙
橙酒…………1小匙
B.吉士粉………1大匙
水……………1大匙

做法。recipe

1.吉士粉与水调成粉浆，备用。
2.将所有材料A混合后煮开，关小火用吉士粉浆勾芡即可。

403 塔塔酱

材料。ingredient

美乃滋………… 3大匙
鲜奶油…………1大匙
酸黄瓜碎………1大匙
欧芹末………1/2小匙
鸡蛋…………………1个

做法。recipe

1.鸡蛋煮熟后放凉剥壳、剁碎，备用。
2.将美乃滋、鲜奶油、酸黄瓜碎、欧芹末及鸡蛋碎拌匀即可。

404 韩式辣酱

材料。ingredient

韩国辣椒酱…… 3大匙
姜末……………1大匙
蒜末……………1大匙
细砂糖………1/2小匙
水……………… 4大匙

做法。recipe

将所有材料混合拌匀煮开即可。

图书在版编目（CIP）数据

美味炸物 / 杨桃美食编辑部主编 . -- 南京 : 江苏凤凰科学技术出版社 , 2016.12
（含章·好食尚系列）
ISBN 978-7-5537-5299-0

Ⅰ . ①美… Ⅱ . ①杨… Ⅲ . ①油炸菜 – 菜谱 Ⅳ . ① TS972.12

中国版本图书馆 CIP 数据核字 (2015) 第 216881 号

美味炸物

主　　编　杨桃美食编辑部
责任编辑　张远文　葛 昀
责任监制　曹叶平　方 晨

出版发行　凤凰出版传媒股份有限公司
　　　　　江苏凤凰科学技术出版社
出版社地址　南京市湖南路 1 号 A 楼，邮编：210009
出版社网址　http://www.pspress.cn
经　　销　凤凰出版传媒股份有限公司
印　　刷　北京富达印务有限公司

开　　本　787mm × 1092mm　1/16
印　　张　18.5
字　　数　240 000
版　　次　2016年12月第1版
印　　次　2016年12月第1次印刷

标准书号　ISBN 978-7-5537-5299-0
定　　价　45.00元